ADVENTURES
IN THE
PHYSICAL
WORLD

物理世界奇遇记

少年读经典.第一辑

[美] 乔治·伽莫夫 _____ 原著

李异鸣 _____ 主编

哈尔滨出版社
HARBIN PUBLISHING HOUSE

图书在版编目（CIP）数据

物理世界奇遇记／李昇鸣主编. —哈尔滨：哈尔滨出版社，2021.10
（少年读经典. 第一辑）
ISBN 978-7-5484-6274-3

Ⅰ. ①物… Ⅱ. ①李… Ⅲ. ①物理学 – 少儿读物
Ⅳ. ①O4-49

中国版本图书馆CIP数据核字（2021）第180169号

书　　名：**物理世界奇遇记**
WULI SHIJIE QIYU JI

作　　者：李昇鸣　主编
责任编辑：尉晓敏　孙　迪
责任审校：李　战
封面设计：沈加坤

出版发行：哈尔滨出版社（Harbin Publishing House）
社　　址：哈尔滨市香坊区泰山路82-9号　　邮编：150090
经　　销：全国新华书店
印　　刷：天津文林印务有限公司
网　　址：www.hrbcbs.com
E-mail：hrbcbs@yeah.net
编辑版权热线：（0451）87900271　87900272
销售热线：（0451）87900202　87900203

开　　本：710mm×1000mm　　1/16　　印张：76　　字数：958千字
版　　次：2021年10月第1版
印　　次：2021年10月第1次印刷
书　　号：ISBN 978-7-5484-6274-3
定　　价：193.00元（全6册）

凡购本社图书发现印装错误，请与本社印制部联系调换。　服务热线：（0451）87900279

伽莫夫为《平装本里的汤普金斯先生》作的序言

1938 年冬天，我写了一个从科学的角度来看有点神乎其神的短篇（不是科幻故事），在这个短篇中，我试图向不懂物理学的人解释空间曲率和宇宙膨胀理论的基本思想。为使故事的主人公——一个对现代科学感兴趣的银行小职员 C. G. H[1]. 汤普金斯先生能够轻易地观察到实际存在的相对论现象，我尽量把这些现象做了夸大的描述。

我把手稿寄给了《哈珀斯》杂志，像所有的初出茅庐的作者一样，我收到的是一张退稿单。接下来我又试着寄给其他五六家杂志，也是同样的结果。于是，我把手稿放进了办公桌的抽屉里，时间一长，差不多把它忘了。同年夏天，我参加了国际联盟在华沙组织的理论物理学国际会议。我和我的老朋友查尔斯·达尔文爵士（写《物种起源》的那位查尔斯·达尔文的孙子）一边喝着一杯美妙的波兰葡萄酒一边聊天，话题转到了科学普及上来。我对达尔文说了我在这条道路上遇到的挫折，他随即说："听着，伽莫夫，等你回到美国后，把你的手稿找出来，寄给在剑桥大学出版社科普杂志——《发现》担任编辑的 C.P. 斯诺博士。"

于是我就这样做了，一个星期后，C.P. 斯诺博士发来电报说：您的文章将在下期发表，请多赐稿。于是，在以后几期的《发现》杂志上，陆续出现了以汤普金斯先生为主人公、普及相对论和量子理论的故事。此后不

---

[1] 汤普金斯先生的首字母源于三个基本的物理常数：光速 c、引力常数 G 和量子常数 h，这三个常数必须以极大的系数来改变，才能使其效果容易被常人察觉。

久，我收到了剑桥大学出版社的来信，建议我将这些文章集中起来，并再增加一些新的故事扩充篇幅，出版成书。这本名为《汤普金斯先生奇遇记》的书于 1940 年由剑桥大学出版社出版，此后又重印了 16 次。此书之后又有续集《汤普金斯先生探索原子世界》，于 1944 年出版，到目前已经重印了 9 次。不仅如此，这两本书几乎被翻译成了所有的欧洲文字（俄文除外），还被翻译成了中文和印地文。

最近，剑桥大学出版社决定将这两本原版书合并成一个平装版，要求我更新旧的内容，并增加一些故事来介绍这两本书出版以后物理学和相关领域的进展。因此，我又增加了涉及裂变和聚变、定态宇宙以及有关基本粒子的激动人心的故事。这些题材构成了本书的内容。

关于插图，我必须说几句。《发现》杂志上最初发表的那几篇文章和第一本书的插图都是由约翰·胡卡姆先生绘制的，他创造了汤普金斯先生的容貌特征。当我写第二本书的时候，约翰·胡卡姆先生已经退休了，不再担任插画师了。因此，我决定自己为本书绘制插图，并忠实地沿用约翰·胡卡姆先生的风格。本书中的一些新插图也是我自己画的，而其中的歌曲则是我的妻子芭芭拉的作品。

乔治·伽莫夫

于美国科罗拉多州博尔德市科罗拉多大学

目 录

目　录

第一章

城市速度极限

　　这是一个公休日。汤普金斯先生，本市一家大银行的小职员，睡到很晚才起床，悠闲地吃了顿早餐。他试图安排好自己的一天，他首先想到的是下午去看一场电影。打开当地报纸，他翻到了娱乐版。但没有一部电影能吸引他。那些专门描写色情和暴力的影片，让他厌烦极了。其他的也就是些在假日里给孩子们准备的电影。哪怕有一部电影有一点真正的冒险精神，有一些不同寻常的东西，甚至只要有一点具有挑战性的内容，那也值得凑合看看。可是，连这样的电影也没有。

　　无意中，他的目光落在了页角的一张小告示上。本市的大学正在举办一系列关于现代物理学问题的讲座。这天下午的讲座是关于爱因斯坦的相对论的。这还有点意思！他经常听到这样的说法：世界上真正理解爱因斯坦理论的只有十二个人。也许他可以成为第十三人！他决定去听听这个讲座，这也许正是他所需要的。

　　当他来到这个大学的大礼堂时，讲座已经开始了。大厅里坐满了年轻的学生。也有一些老年人，大概是和他一样的观众。

　　他们正聚精会神地听一位站在投影仪旁的高大的留着白胡子的男人在

讲话。他正在向听众讲解着相对论的基本思想。

汤普金斯先生费了好大劲才听明白，爱因斯坦理论的要点就在于存在一个最大的速度值，即光速，任何运动的物体都不可能超过这个速度。并且，正是因为这个事实，产生了一些非常奇怪和不寻常的后果。例如，当运动速度接近光速时，量尺就会缩短，时钟会变慢。然而，教授指出，由于光速是每秒 30 万千米（即每秒 18.6 万英里），这些相对论效应很难在日常生活事件中观察到。

在汤普金斯先生看来，这一切都与常识相矛盾。

他正试图想象这些效应会是什么样子，这时他的头慢慢地耷拉到胸前……

当他再次睁开眼睛的时候，他发现自己不是坐在演讲厅的长椅上，而是坐在市政府为方便等车的乘客提供的一张长椅上。这是一座美丽的古城，街道两旁都是中世纪的学院式建筑。他怀疑自己是在做梦，但这场景并没有什么异常。此时对面学院塔楼上大钟的指针正指向五点。

街上几乎空无一人——除了一个骑自行车的人缓缓向他驶来。当他走近时，汤普金斯先生惊讶地睁大了眼睛。自行车和自行车上的年轻人都不可思议地缩扁了，就像通过一个圆柱形透镜看到的一样。

钟楼上的钟敲了五下，骑车人显然很着急，更加用力地踩着踏板。可汤普金斯先生并没有注意到骑车人的速度提高了多少，由于他使劲蹬车，他被压缩得更扁了，走在大街上，看上去颇像一幅用纸板剪成的平面图。

这时，汤普金斯先生感到非常自豪，因为他可以理解发生在骑车人身上的事情，运动的物体会缩扁而已，这是他刚刚听到的。"显然，天然的速度极限在这里更低，"他总结道，"这就是街角的警察为什么看起来如此懒散，他根本不需要监督超速行驶者。"事实上，此刻一辆在街上行驶

难以置信地缩短了

的似乎能发出全世界都能听见的噪音的出租车，也并不会比那辆自行车快多少，就像爬行一样。汤普金斯先生决定追上那个骑车人，他看起来很友善，他想问问对方这究竟是怎么回事。趁着警察没注意，他偷偷借了别人停在路边的自行车，飞快地骑了过去。

他以为自己马上就会缩扁，并且非常期待，因为他近来正在为不断发福的体形发愁。然而令他出乎意料的是，什么也没有发生，他和他的自行车都保持着同样的大小和形状。相反，他周围的景象完全变了：街道缩短了，商店的窗户变成了窄窄的缝隙，路过的行人都变成了他有生以来所见过的最瘦挑的人。

"啊！"汤普金斯先生兴奋地感叹道。"我明白了。这就是'相对性'这个词可以用上的场合。一切相对于我运动的东西，对我来说都被缩扁了——不管是谁在踩自行车的踏板！"

他是个骑自行车的好手，现在他竭尽全力想追上那个年轻人。但他发现，要想在这辆自行车上提速，根本不是一件容易的事。虽然他使出了吃奶的劲儿去蹬踏板，但速度的提升几乎可以忽略不计。他的双腿已经开始酸痛，但他还是无法做到比刚开始时快很多地通过街角的灯柱。看起来，他所有的努力都是徒劳。他现在开始明白为什么开出租车的人不能比骑自行车的人做得更好。于是，他想起了教授说过的关于不可能超过光的极限速度的话。不过，他注意到，他越是努力，城市街区就变得越短，骑在他前面的骑车人现在看起来也并不那么远了。确实，他最终还是成功地追上了他。并肩骑行的时候，他瞥了对方一眼，惊讶地发现骑车人和他的自行车现在看起来都很正常。

"哦，那一定是因为我和他之间已不存在相对运动了。"他得出结论。

"打搅一下，先生，请问，"他叫道，"你不觉得生活在一个限速这么低的城市里很不方便吗？"

"限速？"对方惊讶地回答道，"我们这里没有限速。只要我愿意，我能以我想要的速度走到任何地方——至少我可以，如果我有一辆摩托车而不是这辆旧自行车的话！

"可是，你刚才从我身边经过的时候，你的速度非常慢，"汤普金斯先生说，"我关注到了。"

"怎么能说它慢呢？"年轻人说，"我觉得你没有注意到这已经是我们开始交谈以来经过的第五个街区了。这对你来说还不够快吗？"

"哦，是的，但那只是因为现在的街区和街道太短了。"汤普金斯先生争辩道。

"这有什么区别呢？我们走得更快，或者街道变得更短，结果都是一样的。我必须走十个街区才能到邮局。如果我用力踩踏板，街区就会变短，我就能更快到达。看，我们这不是到了吗？"年轻人说着停下脚步，下了车。

汤普金斯先生也停了下来。他看了看邮局的钟，上面显示五点半。"哈！"他得意地说道，"不管怎么说。你都走得太慢了。你花了半个小时才走完这十个街区。我第一次偶然看见你的时候，学院的钟正好指向五点。"

"你真的发现过去半个小时了吗？"对方问。

汤普金斯先生不得不承认，这段时间似乎真的没有那么长——也就几分钟的事。而且，他看了看自己的手表，发现它显示的是五点五分。"啊，"他喃喃地说，"你是说邮局的钟走快了吧？"

"你可以这么说，"年轻人回答道，"当然，也可能是你的表跑慢了。这都是因为你骑得太快。你是怎么回事？你是从月亮里掉下来的吗？。"说着，这个年轻人就消失在邮局里。

汤普金斯先生觉得教授不在现场向他解释这些奇怪的事情，真是太遗憾了。这个年轻人显然是个本地人，甚至在他学会走路之前，就已经习惯了这种状态。所以，汤普金斯先生被迫自己去探索这个奇特的世界。他按邮局时钟上显示的时间重新设置了手表，为了确定手表是否还能正常走动，他等了十分钟。现在它保持着和邮局时钟一样的时间，手表一切正常。

他继续沿着街道前行，来到火车站，决定再对一次表。这次是在火车站的时钟旁。令他惊讶的是，他的手表又慢了不少。

"得，这一定又是某种相对论效应了。"汤普金斯先生总结道，并决定找一个比骑自行车的年轻人更有智慧的人来问个究竟。

机会很快来了，令汤普金斯先生惊讶的是，这位老太太竟然称呼这位绅士为"亲爱的爷爷"。这怎么可能呢？他怎么可能是她的爷爷？这对汤普金斯先生来说太不可思议了。借着帮他拿行李的机会，汤普金斯先生与他攀谈了起来。

"不好意思，冒昧打搅一下，我没听错吧？你真的是她的爷爷吗？

"哦，我明白了，"那位先生笑着说，"也许我应该解释一下。我猜你一定把我当成流浪汉一类的人了，但是事情其实非常简单。我的营生需要我经常出差。"

"我一生大部分时间都是在火车上度过的。所以，我自然比住在城里的亲戚老得慢得多。能回来看到我亲爱的小孙女，我太高兴了。但是，对不起，我得失陪了，我得去坐出租车了。"

他叫了一辆出租车，又留下满腹问题的汤普金斯先生一个人。

车站咖啡馆的几块三明治不知怎地激发了他的思考力，他甚至觉得自己经过思索已经发现了著名的相对论的某些破绽。"是的，当然。"他一边喝着咖啡一边思索着。

如果一切运动都是相对的，旅行者的亲人相对于旅行者是一个老人，那么，旅行者相对于他的亲人也应该是老人才符合常理，或者双方都差不多年轻才对，但是这样的想法显然与事实不符，实际情况是只有旅行者的孙女是老人，那个旅行者却十分年轻，白头发总不能是相对的吧？

他决定做最后一次尝试，弄清楚事情的真实情况，于是把目光转向咖啡馆里的另一个顾客——一个穿着铁路制服的孤零零的男人。

"冒昧打搅一下，"他说道，"你能不能好心地告诉我，火车上的乘客比总待在一个地方的人老得慢得多，是谁的责任？"

"我对此负责。"那人非常干脆地说。"哦！"汤普金斯先生惊呼道。"这么说，你已经解决了古代炼金术士的魔法石问题了，那你应该是医学界的名人，你是这里医学协会的成员吗？"

"不，"那人回答说，"我只是个司闸员。"。

"司闸员？你是说司闸员？"汤普金斯先生惊叫道，感觉地都要塌陷了，"你是说，你只是在火车快要进站的时候刹住火车吗？"

"是的，我就是做这个的，每次火车慢下来的时候，乘客就会相对其他人开始变老。"他谦虚地补充道，"当然，加速火车的发动机，驾驶员也发挥了重要的作用。""但是这跟保持年轻又有什么关系呢？"汤普金斯先生不解地问道。"这个我也不太清楚。"司闸员说，"但事情就是这样，有一次，我问了一位乘坐我们火车的大学教授，这究竟是怎么一回事儿？他长篇大论地说了很多，我根本听不懂，最后他说这好像跟太阳上的'引力红移'有关，我记得他是这么说的。你以前听说过

'红移'这个词吗？"

　　突然，汤普金斯先生的肩膀被一只手重重地摇了摇，他醒过来，发现自己不是坐在车站的咖啡馆里，而是坐在礼堂的长椅上，他一直在礼堂里听教授讲课。天色已黑，房间里空荡荡的。是门卫叫醒他说："对不起，先生，我们要关门了。如果你想睡觉，最好还是回家去吧。"汤普金斯先生赶快站起来，向出口走去。

第二章

教授那篇让汤普金斯先生沉入梦境的相对论演讲

女士们、先生们，在人类思想发展的初级阶段，就形成了明确的空间和时间概念，作为各种事件发生的背景。这些概念代代相传，并没有发生本质的改变，并且从精密科学发展以来，它就被用来当作对宇宙进行数学描述的基础。伟大的牛顿也许是第一次对传统的空间和时间概念给出了明确表述的人，他在《原理》中写道："绝对空间就其本质上来说，是不依赖于任何外界事物的，它永远是等同的、不变的。绝对的、真实的、数学上的时间，就其自身及其本质而言，是永远均匀地流动的，与任何外物无干。"

如此强烈地相信空间和时间的经典观念的绝对正确性，以至它们常常被哲学家们认为是先验的，甚至没有任何科学家想过怀疑它们。

然而，在20世纪初，人们清楚地认识到，如果把用最精密的实验物理学方法得到的一些结果放到经典的时空框架中去解释，就会出现一些明显的矛盾。这一事实让当代最出色的物理学家爱因斯坦产生了一个革命性的想法，他认为，我们根本没有任何理由把古典的时空概念看作绝对真理，人们不仅有可能，而且也应该勇于改变这些概念，使它们同新的、更精密的实验结论相适应。事实上，既然古典的时空概念是在人类日常生活经验的基础上提炼出来的，那么，如果今天运用高度发展的实验技术建立的精密的观察方法证明了那些旧的概念过于粗糙，过于不精确，也就不足为奇了。那些陈旧的概念之所以能够应用于日常生活中，能够用于物理学发展的初期，仅仅是由于它们同正确概念的差异不明显。那么，如果现代科学所探索的领域不断扩展，把我们带到两者的偏差非常大、以至古典概念根本无法适用的场合，我们也不必感到惊讶。

使我们的经典概念受到根本性冲击的最重要的实验结果，是发现真空中的光速是所有可能的物理速度的上限。

这个出人意料的重要结论，主要是从美国物理学家迈克尔逊和莫利的实验得出的。19 世纪末，他们试图观察地球运动对光的传播速度的影响时，令迈克尔逊和莫利大为惊讶，也令所有科学界人士大为吃惊的是，他们发现地球的运动对光速没有丝毫影响，而且无论是从哪一个方向测量，或者无论光源如何运动，真空中的光速都保持不变。毫无疑问，人们会认为这个结果非常奇怪，并且与我们对于运动的最基本概念相互矛盾。在现实生活中，如果一个物体在空中快速移动，而你在迎着物体运动的方向移动，这个移动的物体会以更大的相对速度与你相撞，这个相对速度等于物体和观察者的速度之和。相反，如果你与物体在同一方向上移动，这个物体就会以一个更小的速度与你相撞，这个速度等于两者速度之差。

同样，如果你坐在一辆小汽车里，朝着声音传播的方向行驶，那么，你在车里测出的声音传播速度等于声音本身的传播速度加上驾驶速度；反之，如果你与声音传播方向同向驾驶，让声音来追你，那么，你在车中测出的声音传播速度也会相应地变小，我们称这种现象为"速度相加定理"，这个定理一直被认为是不证自明的。然而，这个世界上最精密的实验告诉我们，在测量光速时，这个定理已不再适用，因为无论观察者多快速地移动，真空中的光速永远是恒定不变的常数，约为300000千米/秒（我们通常用符号 c 来代表光速）。

"啊，"你可能会说，"难道不可以把若干个比较小的速度叠加起来，构造一个超过光速的速度吗？"

例如，我们可以想象一列高速行驶的火车，其速度比如说是光的四分之三，我们可以让一个人也以光的四分之三的速度在车厢顶上向火车头的方向奔跑。根据速度相加定理，这两个速度叠加的总速度应该是光速的1.5倍。这就意味着奔跑的人应该能超过信号灯的光传播的速度。但实际情况是，既然光速固定不变是被实验证实的，那么，在我们所举的这个例子里，两者的合成速度就必定小于我们所预期的速度值。因此，我们可以得出结论，经典的速度相加定理一定是错误的。

对这个问题的数学处理——我不想在这里细说——但在计算两个叠加运动的合成速度方面，它确实得到了一个非常简单的新公式。如果 v_1 和 v_2 是两个要合成的速度，c 是光速，那么合成的速度就是

$$v = \frac{v_1 + v_2}{1 + \dfrac{v_1 v_2}{c^2}} \tag{1}$$

从这个公式中可以看出，如果两个原来的速度都很小，我是说与光速相比很小，那么公式（1）分母中的第二项（底位）就会很小，可以忽略，你就可以得到古典的速度加法定理。但是，如果 v_1 和 v_2 不小，那么，所得到的结果就总会比这两个速度的算术和小一些。例如，在人沿着火车跑的例子中，$v_1=3/4c$，$v_2=3/4c$，我们的公式给出的结果是速度 $v=24/25c$，这还是比光速小。

在特殊情况下，当原始速度之一是 c 时，用公式(1)所得出的结果都等于 c，与第二个速度无关。因此，将任何数量的速度叠加，永远无法超过光速。这个公式已经被实验证实，两个速度的合成值总是比它们的算术之和小一些。

既然承认了速度上限的存在，我们就可以开始对古典的空间和时间观念进行批判，把第一击直接指向同时性的概念。

当你说："开普敦附近矿井的爆炸事故发生在火腿和鸡蛋在你的伦敦公寓里被端上桌的同一时刻。"你以为你知道自己说的是什么。但我要告诉你，你不知道。严格地说，这句话没有确切的含义。

你是用什么方法来检验两个不同地方的两个事件是否同时发生呢？你也许会说，如果两个地方的时钟显示的时间相同，就可以说这两个事件是同时发生的。但是，问题又来了，我们要如何对准相隔很远的时钟，使它们显示相同的时间呢？我们又回到了最初的问题。

由于真空中的光速独立于光源的运动状态和测量光速的系统，这是一个精确的实验事实，因此，我们确信，下面所介绍的测量距离和在不同观测站上设置时钟的方法，应该被公认为是最合理的，而且你只要多加思考就会同意，这也是唯一合理的方法。

从 A 站发出一个光信号，B 站一收到就立即返回 A 站，在 A 站记录到的从信号发出到返回 A 站的时间的一半，乘以光的恒定速度，应该就是 A 和 B 之间的距离。

如果在信号到达 B 站的时刻，当地时钟显示的是 A 站在发送和接收信号时刻记录的两个时间的平均值，那么 A 站和 B 站的时钟就可以说是对准了的。对固定在一个刚体（这里是指地球表面）上的各个观察站，用这种方法把时钟一一核准，就得到了我们需要的参考系，因而就可以回答有关在不同地方的两个事件的同时性或时间间隔的问题了。

但是，另外一个参考系的观察者会不会认同这些结果呢？为了回答这个问题，让我们假设两个参考系建立在两个不同的刚体上，比如说两个长长的太空火箭以恒定的速度向相反的方向运动。假设每个火箭的前端和后端各有一名观察员。

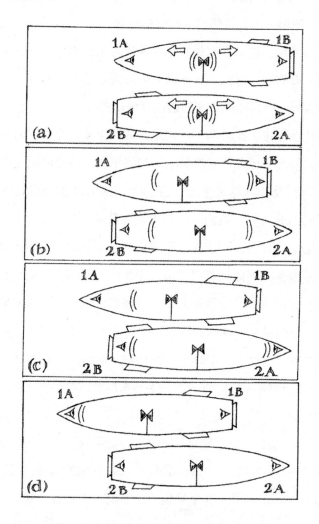

首先，每对观察者都需要正确地设置他们的时钟。他们稍微变通了上文提到的方法，完成了这项工作。他们使用一把测量尺，确定火箭的中心位置。他们在这里放置一个间歇性光源。他们安排光源发出一个向火箭两端扩散的光信号。他们商定，在各自的位置收到来自中间的脉冲的瞬间，将手表调到零。光线以相同的速度（c）到达两端的距离相等，根据前面的定义，我们的观察者已经在他们的系统中建立了同时性的标准，并且从他们的角度来看，已经把他们的手表"正确地"设置了。

现在他们决定看看自己火箭上的时间读数是否与另一个火箭上的时间读数一致。例如，当从火箭2上观察时，火箭1上的两个观察者的手表是否显示出相同的时间？可以用以下方法测试。在每个火箭的中心点（光源所在的位置），安装两根带电的导线，当火箭相互经过，并且它们的中心正对着对方时，导线之间会有火花跳动。这就触发了两个光源同时向各自火箭的前端和后端传播。当光信号以固定速度传播，被观察者观察到的时候，两艘火箭的相对位置已经发生了改变，如图所示，观察者2A和2B相对于光信号的位置就要比观察者1A和1B更近一些。

显然，当光信号到达观察者2A时，观察者1B离光信号还有一段距离，也就是说，光信号还需要一些时间来到观察者1B。因此，如果当光信号到达观察者1B时，他才将手表调零，那么观察者2A就会坚持说，观察者1B的手表比正确的时间延迟了。

同样，对于另一个观察者1A来说，光信号先到达观察者2B，所以他会得出结论，观察者2B的手表比自己的提前。根据他们对同时性的定义，他们认为自己手表的设定都是正确的，A火箭的观察者会认为，B火箭上的观察者的手表时刻和自己的不同。但是别忘了，B火箭上的观察者也会因为同样的原因，认为自己手表上的时间是对的，而认定A火箭上的手表设置与自己不同。既然这两个火箭的位置是相对的，所以，要解决这两组观察者之间的分歧，就只能说，这两组观察者的说法从他们各自的角度来看都是正确的；而究竟哪一方是"绝对"正确的，则没有任何物理意义。

我怕我的这番长长的论述让你感到厌烦，但是如果你认真跟随我的思路，你就会清楚地明白，一旦我们采用这种时空的测量方法，绝对同时性的概念就会消失了，从一个参照系来看，在不同地方被认为是同时发生的两个事件，从另一个参照系来看，却并非是同时发生的。

这一说法初听起来极为反常。但我要问问你：如果我说，你在火车上吃晚饭，你的汤和点心都是在餐车上同一个地方吃的，却是在铁路上相距甚远的两个地方吃的，那么，你是不是还会觉得反常呢？当然不会。"你在火车上吃晚饭"这句话可以看成，在一个参照系的同一空间点上，在不同时间发生的两件事，而从另一个参照系的角度来看，则是被一定空间间隔分隔开的两个事件。

如果你用这个"正常"的说法与前面的"悖论"比较一下，你会发现它们是绝对对称的陈述。只要把"时间"和"空间"这两个词交换一下，就可以把一种说法变成另一种说法。

我们来总括一下爱因斯坦的观点：在牛顿的古典物理学中，时间被认为是完全独立于空间和运动的东西，它"平等地流动，与任何外部事物无关"；而在新的物理学中，空间和时间是紧密相连的。它们只是所有可观察到的事件的"时空连续体"的两个不同的截面，所有我们观察到的事件，都只是发生在这两个截面上罢了。

将"四维连续体"分割成三维的空间和一维的时间，这纯粹是主观的做法，这与观察时所在的参考系有关。

因此，在一个系统中观察到的两个事件，在空间上被距离 l_1 隔开，在

时间上被时间间隔 t_1 隔开，而从另一个系统中看到的两个事件，将被另一个距离 l_2 和另一个时间间隔 t_2 隔开。这一切都取决于人们在四维现实中所采取的特定截面，而这又取决于人们相对于有关事件的运动。

在某种意义上，我们可以说空间可以转化为时间，时间也可以转化为空间。在某种程度上，它们可能会"混为一谈"。时间转化为空间对我们来说是一个相当普遍的概念，恰好在火车上吃饭的例子可以说明这一点。另一方面，空间转化为时间，导致同时性的相对性，似乎不寻常。原因在于，如果我们以"米"为单位测量距离，那么对应的时间单位就不是传统的"秒"，而是一个更合理的时间单位，代表光信号覆盖一米距离所需的时间间隔，即 0.000000003 秒。在我们普遍经验的范围内，空间间隔转化为时间间隔会导致实际上无法观察到的差异，这才导致了古典的时间观，认为时间是绝对独立的、不可改变的。

然而，当研究速度非常快的运动时，例如电子从放射性原子核中抛出时的运动——在一定的时间间隔内所覆盖的距离与用合理的时间单位表示的时间在数量级上是相同的——那么就必然会遇到我们所讨论的效应，相对论就变得非常重要。即使在速度比较小的区域，例如，太阳系中行星的运动，也可以观察到相对论效应。这是因为天文学测量的精度极高。不过，想观察到它们，就必须测出每年的行星运动总共只有几分之一角秒的变化。

因此，正如我试图向你们解释的那样，我们对空间和时间概念的考查使我们得出这样的结论：空间间隔可以部分地转化为时间间隔，反之亦然。这意味着，当从不同的运动系统测量时，给定距离或时间段的数值可以是不同的。

对这个问题进行简单的数学分析，就可以得出一个关于这些数值变化的确定公式，不过，我不想在这些讲座中过多地涉及这个问题。这就证明了对于任何一个长度为 l_0 的物体，当它以速度 v 相对于观察者运动时，它的长度（在运动方向上）都会缩短，缩短的量取决于其速度。它的测量长度 l，将是

$$l = l_0 \sqrt{1 - \frac{v^2}{c^2}} \qquad (2)$$

类似地，任何需要时间 t_0 的过程，从一个做相对运动的参考系对它进行观察时，它所花的时间会更长，由以下公式给出

$$t = \frac{t_0}{\sqrt{1 - \frac{v^2}{c^2}}} \qquad (3)$$

这就是相对论中著名的"空间缩短（尺缩）"和"时间延长（钟慢）"效应。

在通常情况下，当速度 v 远小于光速 c 时，这些效应表现得很微小，但是当速度足够大时，在相对运动的参考系中观察到的物体的长度会变得很短，而事件的过程所经历的时间会变的很长。不过请不要忘记，在相对运动的参照系之间，这些效应是完全对称的。站在站台上的人会认为快速行驶的火车上的乘客非常瘦，在火车上缓缓前行，手腕上的手表也走得很慢，而那辆火车上的乘客也会对外面站在站台上的人有同样的感觉，车站会被挤压，那里发生的一切都会是慢动作。

另一个可能存在的最大速度所导致的重要结果是移动物体的质量变化。

按照力学的一般原理，物体的质量决定了使物体运动或让运动物体加速的难度。质量越大，加速的难度也越大。任何物体在任何情况下都不能超过光速，这个事实使我们可以直接得出结论：当物体的速度接近于光速

的时候，进一步加速所碰到的阻力，即物体的质量必定会无限制地增加。通过数学分析，可以得出一个计算这种关系的公式，它与公式（2）和（3）类似。如果 m_0 是极小速度的质量，则速度 v 处的质量 m 由以下公式给出：

$$m = \frac{m_0}{\sqrt{1 - \dfrac{v^2}{c^2}}} \qquad (4)$$

当 v 接近 c 时，进一步加速的阻力会变得无限大。质量发生相对论性变化的效应，可以通过高速运动的粒子的实验观察到。

举个例子，放射物质发射的电子质量，其速度是光速的 99%，并且是静态下电子的很多倍，而形成宇宙射线的电子的速度往往能达到光速的 98% 或 99%，其质量也远远大于静态下的电子质量。

因此，在这么大的速度下，古典力学已经完全不再适用了，我们进入了一个不得不应用相对论的领域。

第三章

汤普金斯先生度假

　　汤普金斯先生觉得他在相对性城市的冒险经历十分有趣，但遗憾的是那位老教授没能在他身边，为他解释他所看到的那些奇怪的事情，尤其是那个司闸员如何能使乘客不变老的谜团，他百思不得其解。很多个夜晚，当他睡觉时非常希望自己能再次来到那个有趣的城市，但是他很少做梦，仅有的几个梦也都很不愉快。上一次他梦见银行要开除他，因为他把银行账目弄得乱七八糟……所以现在他决定请个假，去某个海边待上一个星期。因此，现在他坐在了火车包厢里，看着窗外市郊灰色的屋顶渐渐地远去，乡村绿茵茵的牧场慢慢来到眼前。他拿起一份报纸看了起来，希望对一篇报道提起点兴致，但是这篇报道实在太沉闷。此时火车摇摇晃晃地前行，摇得他很舒服……

　　过了一会儿，他放下报纸再次向窗外看去，发现景色已经大大改变了。电线杆很近，看起来就像是一排篱笆。那些树木的树冠很狭小，修长得就像意大利柏树一样。而坐在他对面的是他的老朋友——那位教授，正津津有味地看向窗外。教授大概是在他认真读报纸的时候进来的吧。

　　"我们现在已经来到相对论的世界了，"汤普金斯先生说，"对不对？"

"噢！"教授惊呼道，"你是怎么知道这么多的？"

"我来过这里一次，但是，那次没有你的陪同，不像这次这么幸运。"

"那么这次你可能要做我的导游了。"教授说。

"我恐怕做不了，"汤普金斯先生不以为然地说，"我上次看见了很多反常的事，但是我问过的当地人不能解释我的问题。

"这太正常了，"教授说，"当地人出生在这个地方，他们自然会认为这些现象都是理所当然的。我可以想象，要是他们能来到你生活的地方，他们同样也会惊异不已，觉得太不可思议了。"

"我能请教您一个问题吗？"汤普金斯先生说，"上次我在这里时遇到了一个铁路司闸员，他坚持认为由于火车走走停停，使得车上的乘客比城市里的人老得更慢。这是魔法还是符合现代科学呢？"

"这哪里是魔法，分明是借口啊！"教授说，"这种现象直接来自物理定律。爱因斯坦在他的新的（这个世界本来就存在，只是新发现的）时空概念的分析中提到，当一个参考系的速度发生变化时，在这个参考系中发生的所有物理过程都会慢下来。在我们生活的世界里，这些效应微小到几乎观察不到。但是在这个地方，因为这里的光速很小，这些效应通常就表现得十分明显了。举个例子来说，假设你想要在这儿煮一个鸡蛋，如果你让平底锅快速地来回移动而不是让它静放在火炉上，那么你可能要花6分钟而不是5分钟才能把它煮熟。同样，如果一个人坐在（比方说）一把摇晃的椅子或者一列火车上（速度不断改变的地方），那么他体内的所有进程都会慢下来。因此，在这样的环境下衰老就会变慢。但是，因为所有的过程都同等程度地被减缓，所以物理学家们更愿意说是在非匀速运动的系统中，时间流动的速度会更慢。

"但是在我们这个世界的科学家们真的观察到这种现象了吗？"

"是的，但是需要很多的技巧，从技术角度来讲，要达到足够的加速度确实很难，但是与非匀速运动的状态下产生的现象很相似，甚至可以说一模一样，是在很大的重力下所产生的结果。

你可能已经注意到，当你在加速上升的电梯中时，你似乎变得更重了；相反，如果电梯开始向下（当缆绳断裂时你最能意识到这一点），你就会感觉到自己好像变轻了。这种现象的原因是，这里的重力场是在地球重力的基础上增加或者减少加速度所产生的。由于太阳上的重力要比地球表面大得多，所以太阳上所有的进程都会比较慢，天文学家也确实观察到了这一点。

"但是他们总不能到太阳上去观察吧？""他们不需要到那儿去，他们只需观察从太阳照射过来的光。太阳光是由太阳周围大气中不同原子的振动发出的，如果那里的进程都比较慢，那么原子振动的速度也会随之减慢。通过对比太阳光和地球上的光源发出来的光就可以看出不同。顺便问一下，"教授停了下来，"你知道我们现在经过的这个小站叫什么名字吗？"

此时，火车正缓缓通过一个乡村小站。站台上除了站长和一个坐在站台另一端的手推车上看报纸的年轻搬运工外，没有其他人。突然，站长双手伸向空中，扑倒在地。汤普金斯先生没有听到开枪的声音，可能是被火车的噪音淹没了，但站长身体周围形成的血泊让人毫不怀疑发生了什么。教授立即扳下紧急刹车阀，火车猛地停了下来。

当他们走出车厢，那个年轻的搬运工向尸体跑去。这时，一个警察来到现场。

警察检查了尸体后说："被射穿了心脏。"他转身对那个年轻的搬运工说，"我将以谋杀站长的罪名逮捕你。"

"我没有杀他。"他喊道。

听见枪声的时候我正在看报纸，这两位从火车上下来的绅士可能目睹了一切，这些先生们可以证明我是无辜的。"

"是的，"汤普金斯先生证实道，"我都看见了。站长被枪杀时，这个人正在看报纸。我可以对《圣经》发誓。"

"呵呵！可是你当时正在一列行驶的火车上，"警察不屑地说，"你当时是在运动状态，不是吗？既然这样，你所看见的事情，就证明不了什么。从站台上看，在那个瞬间这个人可能正在掏枪射杀受害者。两件事的同时性取决于你观察它的系统，对吗？跟我走吧！"他转向那个搬运工说。

"对不起，警察先生，"教授打断了他的话，"但我认为你正在犯一个错误——一个严重的错误。当然，在你们国家，同时性的概念确实是高度相对的。在不同地方发生的两个事件可能是同时的，也可能不是，这也是事实，这取决于观察者的运动状态。但是，即使在贵国，也不可能有一个观察者可以先看到结果再看到原因。（我想你从来没有在信寄出之前收到过信，或者在开瓶之前喝得酩酊大醉吧？）根据我的理解，你可能认为由于火车的运动，我们会先看到站长被枪杀，然后我们才看到射击的行为。而实际情况是，当我们看见站长倒下以后，就立马下了火车，我们仍旧没有看见是谁开的枪。我知道，身为警察，你们被教导要严格按照训令手册上写的内容办事。我觉得，如果你找找看，可能会发现一些关于这个情况的处理说明……"

教授权威的语气容不得警察不加以重视。

他掏出了口袋里的训令手册，慢慢地翻阅着。很快，他那张红彤彤的

你所看见的证明不了什么

大脸上露出了害羞的笑容。

"是的，我想我明白你在说什么了，先生，"他承认，"第 37 条第 12 款第 5 段是这样的：'如有确凿证据证明在犯罪瞬时或在时间间隔 $\pm cd$ 内（c 为自然速度限制，d 为嫌疑人与犯罪现场的距离），有人看见某嫌疑人在做另一件事，那么该嫌疑人不可能是犯罪者，不论证据是否来自运动系统，均可作为该嫌疑人当时不在犯罪的证明。'"

"你可以走了，先生。"他喃喃地对搬运工说。

然后转向教授，补充道："非常感谢您，先生。

"我是新来的，您看。这些规则我还没有完全掌握。不得不说在这个事件上您让我在总局免去了麻烦。但是不管怎样，我必须将这个谋杀案上报。"

然后，他就走过去打电话。没过多久，他朝着站台这边喊道："好消息！好消息！他们似乎抓住了真正的凶手。我的同事已经抓到了一个从车站逃跑的嫌疑人。再一次感谢你们！"

重新坐下后，汤普金斯先生问道："我可能很笨，但我还是觉得自己没有完全掌握关于同时性的所有问题。我说它在这个国家真的没有意义，这话对吗？"

他得到的回答是："有，但只是在一定程度上有，否则我就帮不上那个搬运工了。你看，任何物体的运动，或任何信号的发出，都有一个天然的速度限制，这就使我们普遍意义上的同时性失去了意义。让我这样说吧。假设你有一个朋友住在一个遥远的城市，你和他可以用书信来往，而邮政列车是最快能到达的交通工具。假设一封信需要三天的时间才能到达。星期天你发生了一些事情，你听说你的朋友也会发生同样的事情。很明显，你不能在星期三之前让他知道这件事。另一方面，如果他事先知道你要发生的事情，那么让你知道这件事的最后日期应该是前一个星期四。因此，在事件发生的三天内，你的朋友无法影响你在星期天的命运，反过来，在此后的三天内，他也不可能被你在那个星期天发生的事情影响。从因果关系的角度来看，可以说，你们有六天断绝了联系。"

"那通过电报发个信息呢？"汤普金斯先生建议道。

"我是假设邮政列车是最大可能的速度。事实上，在我们的老家，光速才是最大速度。你不可能以比这更快的速度发送信号了。"

"对不起，我还是不明白，"汤普金斯先生说，"就算没什么比邮政列车更快，这一切和同时性有什么关系？我和我的朋友还是可以周日同时吃晚餐，难道不对吗？"

"不，你这样说就没有什么意义了。有的观察者可能会同意这一说法。但也会有其他人从不同的火车上进行观察，比如说，他们会坚持认为你的周日晚餐与你朋友的周五早餐或周四午餐是在同一时间吃的。但任何人都不可能观察到你和你的朋友同时吃饭的时间间隔超过三天。"

"但是这怎么可能呢？"汤普金斯先生费解地问道。

"这很简单，在我的讲座中我已经讲到，在不同运动参照系中，观测到的速度上限是完全相同的。

这时，他们的谈话被打断了。火车已经在汤普金斯先生的目的地停了下来。

在海边度假的第二天早晨，汤普金斯先生来到酒店楼下的玻璃长廊上吃早餐，一个巨大的惊喜在等着他。他对面角落那桌坐着那位老教授以及一位漂亮的姑娘。那姑娘兴高采烈地在跟老教授聊着，还时不时地朝汤普金斯先生这桌看上两眼。

"我猜我看起来一定傻透了，昨天在火车上竟然睡着了，"汤普金斯先生越想越生自己的气，"教授可能还记着我问他的那个关于变年轻的愚蠢的问题。不过至少我跟他混熟了，可以问他一些还不明白的问题。"他不愿意承认自己除了要问教授问题还有别的企图。

很高兴见到你，慕德

"噢，对的，想起来了，我记得在我的讲座上见过你，"他们离开餐厅的时候老教授说道，"这是我的女儿慕德，她在学习绘画。"

"很高兴见到你，慕德小姐，"汤普金斯先生主动打招呼，心想着这是他听过的最美的名字，"我想这周边的环境一定会给你的绘画提供不少美妙的素材吧。"

"她之后会给你展示她的作品，"教授说，"小伙子，你告诉我，你听我的讲座真的收获了很多知识吗？"

"是的，我了解了相当多的知识。事实上，我之前曾经到访过一座城市，那里的光速每小时只有 10 英里（1 英里 ≈ 1.61 千米），所以我亲眼见过这些物体的相对压缩和时钟上指针的快速摆动。"

"可惜了，你错过了我那关于空间曲率和它与牛顿重力关系的讲座，"教授说，"不过现在我们在这儿还有时间，我可以把这个原理解释给你。比如说，你明白正空间曲率和负空间曲率之间的区别吗？"

然后，他们来到海滩，找了两把舒服的椅子坐了下来。

"年轻人，我看你没有学过数学，但我觉得我可以很简单明了地拿一个平面给你解释清楚。

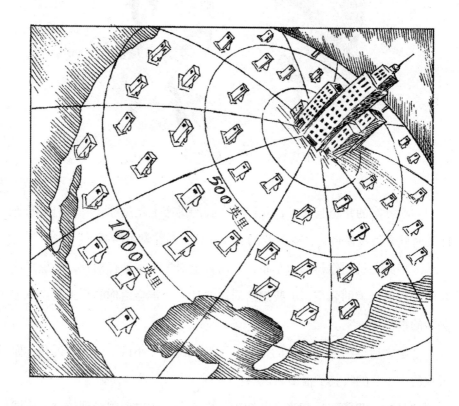

想象一下，壳牌先生——你知道的，那位坐拥世界上最多加油站的

商人——他决定看看他的加油站是否均匀地分布在某个国家，比如美国。为了做到这一点，他向他位于美国中部的某个地方（比如堪萨斯城）的办公室下达了命令。要他们计算一下离该市一定距离内的加油站数量，然后计算出在该距离两倍内的加油站数量，随后三倍，依此类推。他记得圆的面积与半径的平方成正比，并认为在均匀分布的情况下，所统计的站数应该像 1，4，9，16 等数字的顺序一样增加。但当报告出来后，他惊讶地发现，实际的站数增加得有些缓慢，显示为 1，3.8，8.5 等。

"他对吗？"汤普金斯先生重复道，不过他正在想其他的事呢。

"不对，"教授声明道，"你真的不了解吗？好吧，拿一个地球仪过来，你自己看一看。假设你现在在北极，半径等于一半经线的圆就是赤道，此时圆的区域就是北半球。将半径增加一倍，你就能得到整个地球的面积了。面积只增加一倍，而不是像在平面上那样增加四倍。这个差别是由于表面的正曲率造成的。你明白了吗？"

"是的，我认为是这样，"汤普金斯先生尽力让自己不走神，"但你说这是正曲率还是负曲率？"

"这就是所说的正曲率，你可以从地球仪的例子上看到，它指的是具有确定面积的有限表面的状况。而具有负曲率的表面，你可以看一下马鞍。"

"马鞍？"汤普金斯先生重复道。

"是的，或者在地球表面，两山之间的马鞍形垭口也可以当一个例子。

假设一个植物学家住在位于这样一个马鞍口的山间小屋，他对小屋周围松树的生长密度很感兴趣。如果他计算距离小屋一百米、两百米等范围内生长的松树数量，就会发现，松树的数目比按距离平方规律增长得快——这与地球的情况正好相反。对于马鞍面来说，给定半径内所包含的面积比平面上的面积要大。这样的曲面被称为具有负曲率的表面。如果你想在平面上铺开一个马鞍面，你得有些地方折叠起来；而当你想要把一个球面铺开，如果它没有弹性，则可能需要撕开一些口子才能展开。"

"我明白了，"汤普金斯先生说，"你的意思是，尽管马鞍形表面是弯曲的，它的面积却是无限的。"

在马鞍形山口的一间小屋

"正是如此，"教授同意汤普金斯先生的这种说法，"马鞍形表面可以向各个方向无限延展，但不会闭合。当然，在我举的马鞍形垭口的例子中，当你走出山脉，走到地球的正曲线表面时，表面就不再拥有负曲率。但你当然可以想象一个到处都保存着负曲率的地表。"

"但是如何把这个运用到弯曲的三维空间呢？"

"也就是说它们之间的距离总是相同的。然后再假设你想计算一下离你不同距离的物体的数目。如果这个数目增长的速度和距离的平方成比例，那么这个空间就是平的。而如果其增长速度慢于或快于距离的平方，那么这个空间就具有正曲率或者负曲率。"

"所以说，在正曲率情况下，一定距离的空间容量会小一些，而在负曲率空间里，容量会大一些？"汤普金斯先生惊讶地问道。

"是这样的，"教授欣慰地笑道，"你现在已经能正确地理解我的意思了。要研究我们寄居其中的广阔宇宙的曲率，我们就要去计算遥远的天体的数目。你可能之前也听说过，巨大的星云在空间中均匀地分布着，距离我们有几十亿光年远的星云，我们现在还能看得到，在宇宙曲率的研究中，这些星云就是非常方便的天体研究对象了。"

"所以，也就是说，我们的宇宙是有限的，而且是闭合的，对吗？"

"这个嘛……"教授回答他，"实际上这个问题还没有得到解决。爱因斯坦在他最初的几篇关于宇宙学的论文中阐述过，宇宙空间是闭合的，大小是有限的，时间却是一成不变的。后来苏联数学家弗里德曼按照爱因斯坦的基础方程式来计算，证明了宇宙可能会随着不断'衰老'而不断扩张或者缩小。之后美国天文学家哈勃也证实了这一结论，他通过威尔逊山天文台的 100 英寸（1 英寸 ≈ 2.54 厘米）望远镜观测到，星系之间越离越远，也就是说，我们的宇宙在发生扩张。但这种扩张会无休无止，还是会在遥远的未来在达到一个峰值之后开始收缩，目前还无法确定。只有更多、更详尽的天文观测才可能解决这一问题。"

就在教授讲话的时候，他们身边似乎发生着一些不寻常的变化，长廊的一端变得极其窄小，把所有的物品都挤在一起，而另外一端变得非常大，在汤普金斯先生看来，大到甚至可以容纳下整个宇宙。他脑海中突然闪过一个可怕的想法：如果慕德小姐在画画的那片沙滩的空间从这个宇宙中撕裂开，他就再也见不到她了！他一边想一边朝门口奔去，听见教授在他身后喊道："注意！现在量子常数也越来越疯狂了！"他到了沙滩，那里非常拥挤，成千上万的女孩朝各个方向奔跑，乱作一团。"我怎样才能在人潮中找到慕德呢？"他很着急。不过他很快注意到，所有这些女孩看上去都跟教授的女儿一模一样，他这才意识到眼前的这些都是测不准原则和他开的玩笑。下一秒又迎来了一波异常大的量子常数，过后看见慕德小姐正站在沙滩上，眼里闪着惊恐。

"噢，是你呀！"她松了一口气喃喃道，"我刚刚还误以为有一大群人朝我奔过来。可能是这里的太阳把我晒晕了吧。等等我，我要去旅馆拿顶太阳帽戴上。"

"不，我们现在最好不要分开，"汤普金斯先生拦住她，"我怕这个空间的光速也在变，你要是回旅馆了，说不定回沙滩的时候会看见我变成了一个老头！"

"胡说，"女孩笑道，不过她还是和汤普金斯先生拉起了手。不过在回旅馆的路上，又来了一波不确定量子常数冲向他们，于是整片沙滩上到处都是汤普金斯和女孩的身影。同时，近处山丘那一块的空间也开始折叠，把周边的岩石和渔夫们的屋子挤成了极其特别的形状。太阳光也受到了巨大的引力场的作用，完全从地平线上消失，汤普金斯先生由此陷入了无尽的黑暗。

似乎过了一个世纪之久，心上人的声音又把他的意识唤醒了。

"哈哈，"女孩笑道，"我猜父亲物理学的长篇大论把你给催眠了。今天水温正合适，你愿意跟我一起去游泳吗？"

汤普金斯先生听完立刻从舒适的椅子上跳起来。"可惜所有这一切不过是梦啊，"他想着，不过在走向沙滩的路上他又燃起了希望，"或者这正是梦的开始呢！"

第四章

教授那篇关于弯曲空间的演讲稿

女士们，先生们：

今天我将要讨论的是关于弯曲空间以及其与引力现象关系的问题。毫无疑问，我相信你们中的任何一位都能很容易地想象出一条曲线或者一个曲面。不过，一旦提到三维的弯曲空间，你们就会为难了，你们会认为，这是某种极不寻常甚至近乎超自然的东西。那么，是什么原因让你们普遍对弯曲空间产生"恐惧"？难道这个概念真的比曲面的概念更难吗？如果你们稍加思考，你们当中可能有很多人会说，之所以难以想象出一个弯曲空间，是因为无法像观察一个球的弯曲的表面或者像马鞍一样弯曲的表面那样"从外部"对它进行观察。然而，这样说的人不过是证明了他们自己并不懂空间曲率的数学意义罢了。实际上，这个词的数学意义与它普通的用法差别很大。我们数学家如果将某个面称为曲面，那就是说在这个面上所画的几何图形的性质与在平面上画的同一个几何图形的性质是不同的。我们是以它偏离欧几里得古典法则的程度来测量它的曲率的。如果你在一张平面的白纸上画一个三角形，那么通过几何学的基本原理可以得知，这个三角形三个内角的总和等于两个直角的和。

你可以把这张纸弯成圆柱、圆锥，甚至是更为复杂的形状，但是在纸上的三角形的内角和依旧等于两个直角之和。

这种表面上的几何性质不随着上述的这些形变而改变，从"内在"曲率的角度来说，形变后所形成的面（一般概念认为是曲面）实际上就和平面一样平坦。但是如果你不把一张纸尽力伸展开，就无法把它与一个球面或者马鞍面完全贴合。除此以外，如果你想要在一个球体上画一个三角形（即球面三角形），那么那些简单的欧几里得几何学定理就不再成立了。事实上，我们可以用北半球任意两截经线与两者间的那段赤道形成的三角形来举例，那么这个三角形的两个底角都是直角，而它的顶角则可以是任意角度。

与球面正好相反，你会惊喜地发现，在马鞍形表面上，三角形的内角和永远会小于两个直角。

因此，要想确定一个表面的曲率就必须研究这个表面的几何性质，而只从外部来观察往往会被误导。仅从外观来观察，你可能会把圆柱面与环面归为同一类别，但实际上圆柱面是平面，然而环面是无法矫正的曲面。一旦你习惯了这种有关曲率的新的严格的数学概念，你就不难理解物理学家们在讨论我们生活的空间是不是弯曲的时候是什么意思了。他们所讨论的关键问题只不过是要找出这个物理空间中的几何图形是什么，并查明欧几里得基本定理还能否成立。

不过，既然要讨论实际的物理空间，我们首要的任务就是给出几何学中各种术语的物理定义，尤其是要阐明我们认为构成我们身体结构的直线的概念。

我猜在座的每一位都明白，直线最为广泛的定义就是两点之间的最短距离。它可以在两点间拉一根细绳就可以得到，或者也可以通过等效但又更加精细的方法，即通过实验来找到两点之间存在一条线，沿着这条线可以放置最少数量的给定长度的测量棒，以此得出它测量出来的长度是最小的。

为了证明这些找直线的方法所得出的结果是依赖于物理条件的，我们可以想象有一个非常大的圆形平台，它绕着轴心匀速地转动着。一位实验者想要找出这个圆台外围两点间的最短距离。他有一个盒子，里面有大量的棍子，每根 5 英寸（1 英寸 =2.54cm）长，他将它们以最少的数量从一个点连接到另一个点。如果这个圆盘不再旋转，那么他摆出尺子的线路就如图中我们的虚线所示。

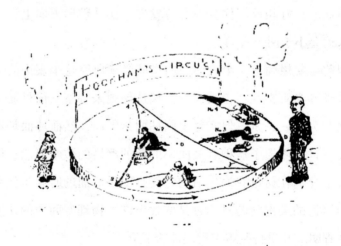

需要更多的尺子才能完成这个圈

但是由于圆盘的旋转，正如我之前的演讲中所说的那样，他手中的小木棍正在经历着相对论性收缩，而那些更靠近圆盘边缘（因此具有更大的线速度）的小木棍会比靠近中心的尺子收缩得更厉害一些。为了使每个小木棍覆盖的距离尽可能大，实验者就需要尽可能地把它们往圆的中心位置放。但是，既然直线的两端固定在圆的边缘，所以如果要将直线中间段的尺子移得太靠近中心，就意味着小木棍连成的线太过弯曲，也不利于使用最少数量的小木棍。

因此，中和一下这两种情况就可以得出结果，即圆上两点间的最短距离是向圆心略微凸起的一条曲线。

如果这个实验不用一个一个单独的小木棍，取而代之的是在两点之间拉一条线，那么得出的结果也是一样的。因为这条线的每一部分都和单独的尺子一样，产生相同的相对论性收缩效应。在此我想强调的是，当圆盘开始旋转的时候，线条所发生的形变与离心力产生的影响毫无关系。这种变形无论绳子被拉伸得多么强烈都不会改变，更何况普通的离心力会向相反的方向作用。

假设现在圆台上的观察者想要将自己得到的直线与一束光线做对比来验证自己得出的结果，那么他将会发现那束光线确实就沿着他拉的那条直线传播。当然，对于站在圆台边的观察者们来说，光线看起来根本没有弯曲。他们将站在圆台上移动的观察者们得出的结果解释为忽略了圆台的旋转与光线的直线传播，而且他们会告诉你，如果你用手在旋转的留声机唱片上画一条直线，唱片上的划痕也一定是弯的，而不是直的。

然而，对于站在旋转的圆台上的观察者们而言，把他所看到的曲线称为直线也是非常合适的。因为它是两点间最短的距离，而且它恰好与他所在的参照系里的光线重合。现在假设他在圆的边缘选三个点，然后将它们连上直线以形成一个三角形。那么在这种情况下，三角形三个内角的和就小于两个直角之和，由此他可以得出结论，他所处的空间是弯曲的。

再举一个例子,让我们假设在圆台上的另外两个观察者(2号和3号),他们决定通过测量平台的周长和直径来估算术值。2号观察者的小木棍不会受到旋转的影响,因为旋转的运动方向总是与它本身相垂直的。另一方面,3号观察者的小木棍总是会随着圆台的旋转而收缩,他将得到一个比非旋转平台更大的周长值。用3号得出的结果除以2号的结果,就会得到一个比教科书中通常给出的 π 值大的值,这再一次证明了空间曲率的存在。

长度的测量会受到旋转的影响。根据我之前的讲座内容,位于外围的手表会有相对较大的速率,因此会比放在圆台中央的手表走得慢。

假设两位观察者(4号和5号),他们在圆盘的中心彼此对准了表。然后5号观察者带着表在圆盘边站了一段时间,回到圆心后发现他的表比一直待在圆心的4号观察者的表慢了许多。由此他会得出结论,在圆盘上的不同位置,物理进程的速率也各不相同。

再假设现在我们的实验到此为止,对他们刚刚在几何学测量中得出的异常数据进行思考。同样假设圆台此时是封闭的,做成了一个旋转的没有窗户的房间,这样观察者们无法看到自己相对于周围环境的运动。那么在这样的情况下,不考虑圆盘相对于"静止的平地"做旋转运动的因素,他们能不能把在平台上观察到的所有现象都解释为物理条件的原因呢?

通过寻找圆台上的物理条件和"静止平地"上的物理条件的不同,实验者们马上会注意到,存在某种新的力量,试图将平台上的所有物体都从圆心往边缘方向拉去。当然,他们将这些观察到的现象归因于这种力量的作用。在这种力量的作用下,两只手表中距离圆心较远的那只手表走得相对慢些,这种力量是从中心指向外面的。

但这种力真的是"新的"力吗？从来没有在"地面"上出现过吗？我们不是一直都能观察到所有物体都被重力吸引，而向地球内部吗？当然，在一种情况下，我们有对圆盘外围的吸引力，在另一种情况下，我们有对地球中心的吸引力，但这只是意味着力的分布不同。然而，不难举出另一个例子，在这个例子中，参考系的非均匀运动所产生的"新"力与这个会议室所处的重力场完全一样。

假设有一艘专门进行星际探索的宇宙飞船，自由地飘浮在离任何一颗恒星都很遥远的空间中，所以飞船内不受任何的引力作用。因此，在这样一艘飞船里的所有物体，包括其中的实验者们，他们都没有任何重力，他们就像凡尔纳著名的小说中阿尔丹和他的旅伴在飞往月球的途中一样，自由地在空气中飘浮。

此时，引擎发动了，我们的宇宙飞船就要开始移动，它逐渐加速。那么飞船里面会发生什么呢？很显然，只要飞船在加速，它内部的所有物体都会呈现出朝飞船底部运动的倾向，换句话说，飞船底部将朝着这些物体移动。举个例子，我们的实验者手里拿着一个苹果，然后放手，这个苹果会继续以固定的速度运动（相对于周围的恒星来说），这个速度就是放开苹果那一刻飞船移动的速度。但飞船本身开始加速时，其结果就是船舱的底部在整个时间内运动得越来越快，最终赶上了那个苹果并且撞上了它。从这个瞬间起，苹果将一直与船舱底部保持接触状态，并以稳定的加速度紧贴在船舱上。

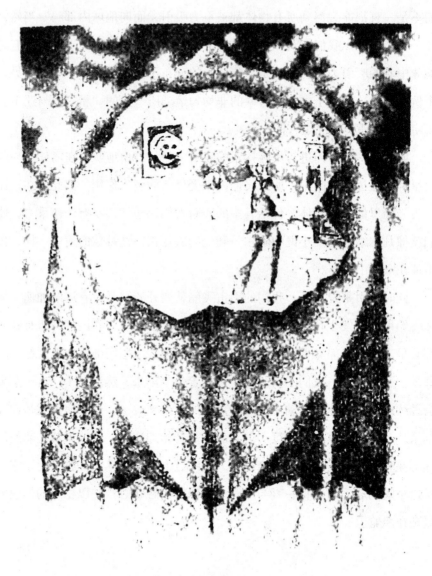

飞船底部最后会赶上苹果，并撞上它。

　　然而，这在飞船内的实验者看来，这一过程就像是苹果以一定的加速度"掉落"，在砸向地面后，靠着自身的重量压在地面。扔下不同的物体，他还会发现所有的物体都以完全相同的加速度落下（如果忽略空气的摩擦），然后他就会想到这正是伽利略发现的自由落体定律。事实上，他根本无法注意到加速舱中的现象与普通的重力现象之间的丝毫差异。他可以使用带钟摆的时钟，可以把书放在书架上而没有飞走的危险，可以把爱因斯坦的画像挂在钉子上，正是爱因斯坦首先提出了参考系和重力场的加速度相等，并在此基础上发展了广义相对论。

　　但是，就像第一个旋转的圆台的例子一样，我们将会观察到伽利略和牛顿在研究重力时所不知道的现象。在这里，穿过船舱的光线会弯曲，并且会随着飞船加速度的不同，投射到对面墙上挂着的屏幕上的不同位置。而在船舱外面的观察者，当然会解释为由于光的匀速直线运动和观测舱的加速运动重叠所致。船舱内的基础几何定理也是不成立的。一个由三条光线组成的三角形的内角和会大于两个直角之和，而一个圆的圆周与其直径的比值将大于 π 值。在这里，我们已考虑了两个加速度系统最简单的例子，但是上面所阐述的等效性，在任何一个刚性的或可变形的参照系中也同样成立。

　　现在我们就要面临这个问题最重要的部分了。我们刚才已经看到，在一个加速的参照系中，可以观察到许多在一般重力场中无法观察到的现象。那么，像光线的弯曲或者钟表的减慢这些新现象，在可测质量形成的重力场中是否还存在？或者换句话说，这些加速效应与重力效应不仅是相似的，甚至是一致的呢？

　　当然，可以明确的是，尽管从探究的观点来看，将这两种效果视为完全一致很容易被人接受，但是只有通过实验才能得到最终答案。而且，实验确实证明了这些新现象在普通重力领域也存在。当然，由加速场和引力场等价的假说所推测到的效应是非常小的，这就是为什么直到科学家们专门研究它们时才观察到它们的原因。

通过上面讨论的加速系统的例子，我们可以很容易估算出两大最重要的相对论引力现象的数量级：钟表速率和光线曲率的变化。

首先，以旋转的圆盘为例。从初等力学可知，作用在一个质量为1，离中心的距离为 r 的粒子上的离心力，可由以下公式算出：

$$F = r\omega^2 \tag{1}$$

其中，ω 是舞台旋转的恒定角速度。那么，当粒子从中心向外围移动时，这个力所做的总功是：

$$W = \frac{1}{2}R^2\omega^2 \tag{2}$$

这里的 R 是圆台的半径。

根据上述等效性原理，我们把 F 看作圆盘上的引力，而把 W 定义为圆盘中心与边缘之间的引力势之差。

现在我们必须记住的是，正如我们在上一场讲座中所讲的那样，以速度 v 运动的时钟比静止的时钟走得慢，减慢的因素为：

$$\sqrt{1 - \frac{v^2}{c^2}} = 1 - \frac{1}{2}\frac{v^2}{c^2} + \cdots \tag{3}$$

$$1 - \frac{1}{2}\left(\frac{R\omega}{c}\right)^2 = 1 - \frac{W}{c^2} \tag{4}$$

如果 v 远小于 c，我们就可以忽略第二项及以后的各项。根据角速度的定义，$v = R\omega$，公式（3）便可以写成公式（4），公式（4）用圆盘中心和边缘的引力势差来表示时钟速率的改变。

如果我们将一个时钟放在埃菲尔铁塔的底部，而另一个放在塔顶（约300米高），它们之间的势差非常小，所以塔底时钟的减慢因子只有 0.999 999 999 999 97。

然而，地球表面与太阳表面两者间的引力势差就大得多，由此产生的减慢因子为 0.999 999 5，这个数据可以通过极为精密的仪器测量到。当然，谁也不会把一个普通的钟放在太阳表面，然后看着它走！物理学家们有更好的手段。我们可以利用分光镜观察到太阳表面上不同原子的振动周期，并将它们与实验室本生灯火焰中的相同原子的振动周期做比较。太阳表面原子的振动应按式（4）给出的系数减慢，其发出的光应比地面光源的情况更红一些。这种"红移"现象实际上已经在太阳的光谱中被真实地观察到了，从其他一些可以精确测量的恒星的光谱中也观察到了这种效应，并且其结果与我们的理论公式所给出的值完全符合。

因此，"红移"现象的存在恰好证明了由于太阳表面具有更大的引力势能，所以太阳上发生的进程会更慢一些。

为了便于测量重力场下光线的曲率，我们使用之前举的飞船的例子。如果 l 是光线穿过船舱的距离，那么光线走过这段距离的时间 t 为：

$$t = l / c \qquad (5)$$

在这段时间内，飞船以加速度 g 加速运动，飞过的距离记为 L，通过初等力学公式可以得出：

$$L = \frac{1}{2} g t^2 = \frac{1}{2} g \frac{l^2}{c^2} \qquad (6)$$

所以，表示光线传播方向改变的角度具有以下的数量级：

$$\phi = \frac{L}{l} = \frac{1}{2} \frac{g l^2}{c^2} \text{ radians}, \qquad (7)$$

光在引力场中走过的距离 l 越大，光线传播方向的改变，即弧度 ϕ 就越大。这里的飞船的加速度 g 应该为重力加速度。如果我现在发射一束光线穿过这个会议厅，我可以粗略地取 l=1000 厘米。地球表面的重力加速度 g=981 厘米 / 秒^2，光速 c=3.10^{10} 厘米 / 秒，那么我们可以得到：

$$\phi = \frac{100 \times 981}{2 \times (3 \cdot 10^{10})^2} = 5 \cdot 10^{-16} \text{ radians} = 10^{-10} \text{sec of arc.} \qquad (8)$$

这种情况下，光线的曲率是必定无法被观察到的。然而，在靠近太阳表面的地方，g=27000 厘米 / 秒^2，而且光线穿过太阳的引力场所走的距离很长。有精确的计算结果表明，一束光线在穿过太阳表面附近时的偏转值应该是 1.75 角秒，这与天文学家在日全食时观察到的、太阳附近的恒星表视位置的位移值完全一致。由此可以看出，这些观察结果向我们展示了加速度的效应和引力场效应的一致性。

现在我们可以再次回到关于空间曲率的问题了。你们应该还记得，通过给直线最合理的定义我们可以得出结论，通过非匀速运动的参照系所得到的几何图形是不同于欧几里得几何定理的，因此这样的空间是弯曲空间。既然任何引力场都等效于同一参照系中的某个加速度，这就意味着任何一个具有引力场的空间都是弯曲空间。或者进一步说，引力场只是弯曲空间的一个物理表现。因此，每一个点的空间曲率都应该由质量的分布来决定，在质量很大的天体附近，空间曲率也应该达到极大值。描述弯曲空间的性质和它们与质量分布的关系的数学系统比较复杂，我在这里就不详细讲述了。我只想提一点，这个曲率一般不只是取决于一个量，而是十种不同的量，通常是指大家所知的重力势能的分量 $g_{\mu v}$，它们是古典物理学重力势能的表示方法，我之前用 W 表示。与之对应，每个点上的曲率也是由十个不同的曲率半径来描述的，通常写成 $R_{\mu v}$。这些曲率半径与质量分布的关系由爱因斯坦提出的基础方程式表示：

$$R_{\mu\nu}-\frac{1}{2}g_{\mu\nu}R=-8\pi GT_{\mu\nu}$$ （9）

其中 R 是另一种曲率，源项 $T_{\mu\nu}$（代表 c 曲率）取决于质量产生的引力的密度、速度和其他性质。G 就是大家熟悉的引力常数。

这个方程已经通过研究水星的运动被验证了。水星离太阳最近，因此它的轨道最能凸显爱因斯坦方程的细节。研究发现，水星轨道的近日点（也就是它在沿其扁长椭圆形轨道运行时最接近太阳的那一点）在空间上并不是固定不变的，而是随着轨道的每一次转动，其相对于太阳的方向都会发生一定的移动。这种前移一部分归因于其他行星的引力场，另一部分可以用行星运动导致的相对论质量增加来解释。

这个观察结果，加上我提到的其他实验结果，证实了我们的判断，它是能够最好地解释我们实际看到的在宇宙中发生的各种现象的引力理论。

在结束本讲座之前，请允许我再指出方程（9）的两个有趣的结论。

如果我们考虑的是一个质量均匀分布的空间，例如，我们的空间是恒星、星系和星系团，我们必将得出这样一个结论，除了在特定的恒星或星系附近局部会出现很大的曲率外，这个空间应该有一个整体的曲率，即所有质量的综合效应，具有在大距离上均匀弯曲的规律性。方程（9）在数学上有几种不同的解，其中有一些解相当于空间本身最后是封闭的，从而拥有一个有限的体积，有点类似于球体。其他所代表的则是类似于马鞍面的一个弯曲空间，但是没有弯曲到足以导致闭合，后者我已经在这篇文章的开头提到过了。

方程（9）的第二个重要结论是：这种弯曲空间应该处于稳定的膨胀或收缩状态中，这在物理学上意味着，分布在这种空间中的粒子应该不断地互相飞离，或者正好相反，是互相接近的。此外，我们还可以证明，对于一个体积有限的封闭空间，膨胀和收缩是周期性交替的——这就是脉动宇宙。但是，无限膨胀的"类鞍形"空间则始终不变地处在膨胀状态中。

在数学上各种可能的不同的解中，哪一个解对应我们生活的空间呢？这个问题只有通过对星系团运动的实验观测（包括它们彼此飞散的速度减慢的情况）才能解答，要么就是核算宇宙中存在的所有质量，计算出减速效应会有多大。目前，天文学证据尚不明确。但是，有一点可以肯定——我们这个空间目前正在膨胀。这种膨胀会不会转变为收缩？我们这个空间的大小究竟是有限的还是无限的？这两个问题现在还没有定论。

第五章

脉动的宇宙

在海滨酒店住的第一晚，吃完晚餐后，汤普金斯先生与老教授谈论了一会儿宇宙论，又和教授的女儿慕德聊了一会儿艺术，最后回到自己的房间，瘫倒在床上，把毯子拉过来把头顶团团蒙住。在他疲惫的大脑里，波提切利和邦迪、达利和霍伊尔、勒梅特和拉封丹，这些人全都混作一团。最后他沉沉地睡去……

午夜的某个时间，他醒了过来，有一种奇怪的感觉，好像自己没有躺在舒适的弹簧床上，而是躺在某个硬邦邦的东西上面。他睁开眼睛，发现自己趴在一个他第一反应认为是海岸边的一块大岩石上。后来他发现自己确实是趴在一块直径30英尺的巨大的岩石上，不过这块岩石悬浮在空中，没有任何可见的东西支撑着它。岩石上被一些绿色的苔藓覆盖着，在一些地方还有小小的灌木从岩石的缝隙中长出来。岩石周围的空间透着朦朦胧胧的光，不过还是非常昏暗。实际上，他从未见过空气中有这么多的灰尘，就算是在拍摄美国中西部沙尘暴的电影中也没有见过。他用手帕捂住鼻子，顿时感觉呼吸顺畅了好多。在周围的空间中，还有一些比灰尘更危险的东西。不时会有像他脑袋那般大甚至更大的石头从他那块岩石旁边旋转着飞过，偶尔还会撞到岩石发出奇怪的、沉闷的声响。他也注意到了，有一两块与他现在待的这块差不多大的岩石，在一定距离之外的空间中飘浮着。整个过程中，他一边观察着周围的环境，一边紧紧抱住岩石边凸起的地方，生怕掉下岩石坠入灰蒙蒙的深渊中。不过很快，他的胆子变大了一些，尝试着朝岩石边缘爬去，想看看岩石下面究竟有没有什么东西支撑它。在他爬的路上，他非常惊讶地发现，他并没有掉下去，尽管他已爬过的距离超过了岩石圆周的四分之一，但是他还是被自己的体重紧紧压在了岩石上面。在他最初发现自己所处的地方的背面，有一些松散的石头堆成的山脊，他从脊背后面看去，发现确实没有任何东西支撑着这块岩石。然而，让他更为惊讶的是，昏暗的光线中竟闪现出了他的老朋友——教授的高高的身影，而他明显是头朝下站着，在他的袖珍笔记本上记录着些什么。

现在，汤普金斯先生才开始慢慢明白发生了什么。他记得在学生时代学到过，地球就是一块又大又圆的石头，在太空中绕着太阳自由转动。他还记得有一幅图，上面有两个小人站在地球两侧的南北极点上。对了，他现在身下的这块岩石就是一个非常小的行星，把周围的一切都吸到它的表面，而他和老教授是这个小小的星球上仅有的两个居民。想到这里，他稍稍舒了一口气，至少没有掉下去的危险了！

"早上好！"汤普金斯先生打起了个招呼，想把老教授的注意力从他的计算中拉出来。

老教授从他的笔记本上抬起目光。"这里没有早上，"他回答道，"这个宇宙中没有太阳，也没有一颗会发光的恒星。还好，这里的各个物体表面都显现出某些化学反应的过程，不然我现在就不能观察到这个空间的膨胀了。"说完，他又把头转回到笔记本上。

汤普金斯先生感到十分不快。他好不容易在整个宇宙中见到了一个大活人，然而这个人却如此冷淡！意想不到的是，一颗小小的流星帮了他一个大忙。随着一声击打的响声，一块石头"啪"的一下击中了教授手中的笔记本，把它砸飞了，笔记本随之离开了他们的这个小行星，向外飞走了。"现在你再也看不到它了吧。"汤普金斯先生看着笔记本飞得越来越远，说道。

"恰恰相反，"教授回答道，"你看，我们现在所在的这个空间并不是无限膨胀的。是的是的，我知道在学校里老师们会告诉你空间是无限的，两条平行线永远不会相交。但实际上，无论是在我们目前所处的空间，还是在其他人类生存的空间，这个观点都是不对的。其他人类生存的那个空间确实非常大，科学家们估算它目前的直径大约是 10 000 000 000 000 000 000 000 千米，这在我们普通人看来，相当于无限大了。如果我是在那个空间里丢了笔记本，那必须得等相当长的一段时间它才会飞回来。然而在这里，情况就大有不同了。就在笔记本脱离我手的前一秒，我刚计算出了这个空间的大小，尽管它在迅速膨胀，但现在它的直径大概也只有八千米。因此我猜想，不超过半小时，笔记本就会飞回来。"

这里没有早上。

"但是，"汤普金斯先生冒昧地问道，"你的意思是，你的笔记本将会像澳大利亚回旋镖一样，在空中划出一道弧线，最后还会落到你的脚边？"

"没那回事，"教授回答他，"如果你真想要理解究竟是怎么回事，请假设有一个并不知道地球是一个球体的古希腊人，有一天他给某个人指路，让那个人一直往北走。那么请想象一下，当那个人最后从南边朝他走来的那一刻，他该有多么震惊。这位古希腊人没有环游世界的概念（在这儿我指的是环地球），所以他一定是认为那个被指路的人迷路了，然后绕了一圈走回了起点。而事实上，这个人确实是按照地球上最笔直的一条路线在走，最终他绕了地球一圈，从相反的方向回到了起点。我的笔记本同样如此，除非它在路上撞到了石头偏离了原本的轨道。来，拿着这个望远镜，看看现在你是否还能看见它。"

汤普金斯先生把望远镜放在眼前，透过那些几乎遮住了所有视线的灰尘，他成功地看到教授的笔记本穿过空间飞得越来越远。他眼中所见的远处的所有物体，包括那本笔记本，都蒙上了一层粉红色。他感觉有点惊讶。

"啊，"过了一会儿，他大声喊道，"你的笔记本就要回来了！我看见它变得越来越大了！"

"不，"教授说，"它还在飞远。你看到它越来越大就好像在往回飞，其实是由封闭球面空间对光线的特殊聚焦效应而引起的。让我们回到那位古希腊人身上。如果光线一直沿着地球的曲面往前走，比如大气的折射作用，那么他就可以用上性能最好的望远镜，全程观察着被指路的人。如果你观察地球仪，就会看见在它的表面那些最直的线——经线，一开始从地球仪的一个极点分散开来，然后穿过赤道，接着朝另一个极点汇聚。如果光线是沿着经线传播，而你站在一个极点上，你就会看见一个离你越来越远的人变得越来越小，直到他穿过了赤道。在他到达赤道后，你就会发现他变得越来越大，就好像他在往回走，却背对着你。当他到达了另一个极点，你看他就跟站在你身边一样大，然而你并不能触摸到他，就像你不能触摸到球面镜中的影像一样。根据这个二维的比喻，你可以想象在这个奇怪的弯曲的三维空间里光线会发生什么事情了。现在，我想那本笔记本的影像已经离我们很近了。"事实上，汤普金斯先生放下望远镜，也可以发现笔记本已近在咫尺了。不过它看起来确实非常奇怪！它的轮廓模糊不清，就好像在水里洗过一样，教授在纸上写的公式也很难辨认，整本笔记本看起来就像是焦距没对准，又没有洗好的照片。

"现在你看见了吧，"教授说，"这只是笔记本的图像而已，由于光线穿过了半个宇宙，笔记本的图像已经严重失真了。如果你想再确认一下，就透过笔记本观察一下它身后的石头。"

汤普金斯先生试着去够那个笔记本，他的手却毫无阻拦地穿透了笔记本。

"真正的笔记本本身，"教授继续说，"其实已经非常靠近宇宙在我们对面的极点了，在这里你所看到的是它的两张图像。另一张图像就在你身后。当两张图像重叠在一起的时候就说明那个本子已到达了另一个极点上。"汤普金斯先生并没有听到教授讲的话，他深深地陷入了思考中，努力地回忆在基础光学课上，物体是如何通过凸面镜和透镜成像的。当他收回思绪的时候，两个重合的图像又朝着相反的方向后退回去了。

"但是，是什么让这个空间弯曲了，并且产生了所有这些有趣的现象呢？"他问教授。

"是由于可测质量的存在，"教授这么回答，"当牛顿发现万有引力定律的时候，他认为重力只是一种普通的力，比如说，就和两个物体之间弹簧拉伸所产生的力是同一类型的。但是有一个神秘的现象，就是所有的物体，无论其大小与质量如何，总是有着相同的加速度，在重力作用下，总是以同样的方式运动。当然，前提是你得忽略空气的摩擦力之类的影响因素。爱因斯坦首先阐明，有质量的物体最主要的作用是产生空间曲率，而且在引力场中所有物体运动的轨迹发生弯曲的原因是因为空间本身是弯曲的。我觉得这对于你来说太难理解了，因为你的数学知识不够。"

"确实是这样，"汤普金斯先生说着，"但请你告诉我，如果没有有质物体，那么我在学校所学的几何学知识还成立吗？两条平行线是不是还是永远不会相交呢？"

"它们是不会相交的，"教授回答他，"但是也没有什么物质的东西来验证这一点。"

"好吧，也许欧几里得从未存在过，所以才能创建一个虚无空间中的几何学？"

但是，显然老教授不喜欢这样形而上学的东西。

与此同时，笔记本的图像又开始沿着最初的方向越飞越远，然后再一次开始往回飞了。但这次它的图像比之前的还要模糊，几乎无法辨别，按照教授的说法，这一现象是由于光线已经绕着整个宇宙飞了一圈了。

"如果你再回过头看一看，"教授对汤普金斯先生说，"我的笔记本在完成了环游宇宙之后回到了我的手中。"说着，他伸出手把书抓住，随之塞进了自己的口袋。"你瞧瞧，"他说，"这个宇宙里到处都是灰尘和石头，我们几乎没有办法看到周围的世界了。你可能会注意到我们周围这些形状不定的影子，很有可能就是我们自己和周边物体的图像。只不过它们被灰尘和不规则的空间曲率挤变形了，所以我也没法指认给你看。"

"那在我们原来生活的那个大宇宙里，是不是也有相同的现象发生呢？"汤普金斯先生问道。

"是的，"教授回答，"不过那个宇宙实在太大了，绕一周需要十亿光年。如果没有镜子，你也是可以看到自己后脑勺的头发剪得怎么样，只不过你得等到剪完头发十亿年后才能看到。此外，星球之间的灰尘很有可能会把你后脑勺的图像完全遮挡住。顺便说一句，英国的一位天文学家曾经设想过，他开玩笑地说，现在我们能看到的一些星星可能就是很久以前存在过的星星的图像。"

汤普金斯先生已经疲于花脑力去理解教授所给的解释，他环顾四周，惊奇地发现天空的景象发生了很大的变化。现在周围似乎少了很多尘埃，于是他拿下了原来一直遮住鼻子的手帕。小石头也没有那么频繁地从身边飞过，撞击岩石的力量也轻了不少。最后他发现，起初他注意到的那几块大岩石，已经飘得很远了，现在几乎看不见了。

"真好，现在的生活正变得越来越舒服了。"汤普金斯先生这么想。"我之前一直在害怕那些飞着的石头会砸到我。现在周边环境变化了，您能给我解释一下吗？"他转向教授问道。

"非常简单，我们这个小宇宙正在飞快地膨胀，我们在这儿的这一段时间里它的直径已经从五英里膨胀到一百英里了。我刚到这里，就从远处物体变红的现象中注意到这一点了。"

"是的，我也注意到远处的所有物体都在变红，"汤普金斯先生接话，"但这又怎么解释空间的膨胀呢？"

教授说："你有没有注意过，一列朝你开过来的火车的汽笛声听起来很刺耳，但当这列火车从你身边开过去之后，声调就变得低了很多？这就是多普勒效应：音调的高低取决于声源的速度。当整个空间都在膨胀的时候，所有的物体都会飞离，飞离的速度与它们和观察者之间的距离成正比。因此，由这样的物体发射出的光就会变得红一些，从光学角度来说，就对应了比较低的频率。物体距离我们越远，它移动的速度越快，我们看它就越红。我们原来居住的那个宇宙也在膨胀，这种变红现象，我们称之为红移，这有助于天文学家们估算出非常遥远的星系的距离。比如，离我们最近的星系，叫作仙女座星系，它显示出的红移是 0.05%，这意味着光线要用 80 万年的时间才能走完的距离。但是，还有一些星云已经处在我们现有的天文望远镜的极限，它们显示出的红移为 15%，相当于几百亿光年的距离。据推测，这些星云几乎位于大宇宙赤道的中点上，而陆地天文学家已知的空间总体积占该宇宙总体积的一部分。目前空间膨胀速率约为每年 0.000 000 01%，也就是说每一秒整个空间的半径增长一千万英里。我们现在的这个小宇宙的膨胀速率相对快很多，每分钟它的维度扩展约为 1%。"

"这种膨胀永远不会停止吗？"汤普金斯先生问道。

"当然会停止的，"教授回答他，"然后收缩就会开始了。每一个宇宙都在一个非常小的半径和一个非常大的半径之间脉动。对于大宇宙来说，它的周期相当长，可能是几十亿年，而对于我们所在的这个小宇宙，可能周期就只有两个小时。我想我们现在看到的应该是膨胀到最大的状态。你注意到现在有多冷了吗？"

事实上，那个充斥在整个宇宙中的热辐射，现在已经分布在一个很大的体积中，所以只能为他们所在的这个小行星提供非常少的热量，气温已经接近冰点了。

"我们很幸运，"教授继续说，"原本这里的热辐射是足够多的，即使是在这样膨胀的状态下也能有一些热量。否则，岩石周边的空气都会凝结成液体，这里就会变得极度寒冷，可能会把我们冻死。不过宇宙的收缩已经开始了，很快就会变得暖和起来。"

面朝天空，汤普金斯先生注意到所有物体已经不再是粉色了，而是变成了紫色，按照教授的解释，这是因为所有的星体都在开始朝他们移动。他又想到了教授举的那个例子——鸣着刺耳汽笛行驶过来的列车，不由得害怕得颤抖起来。

"如果一切都在收缩，我们难道不应该想到，很快宇宙中所有的大岩石都会聚到一起，然后我们就会被它们压得粉碎吗？"他焦虑地问教授。

"确实是这样，"教授淡定地回答他，"不过我想在此之前气温会升得极高，以至将我们分解成一个一个分散的原子。这就是我们那个大宇宙末日的缩影——所有的一切都会混在一起，形成一个均匀的热气球，只有新一次的膨胀开始时，才会出现新的生命。"

"我的天哪！"汤普金斯先生嘟囔道，"正如你提到的，在我们原来的大宇宙中，还要经过几十亿光年才会有宇宙末日，但现在，这一切发生得太快了！就算我只穿着睡衣，我已经感觉到热了。"

"你最好不要把睡衣脱了，"教授说，"不管用的。你躺下来能观察多久就观察多久吧。"

汤普金斯先生没有回答。空气已经热到他无法忍受。现在灰尘也变得很密，把他包了起来，他现在感觉自己就像被裹在一条柔软、温暖的毯子里。他想用力挣脱开来，发现自己的手伸到了凉凉的空气中。

"我是在这不宜居的宇宙中戳了一个洞吗？"他第一反应是这样的。他想要问教授，但怎么也找不到他了。相反，在朦胧的晨光中，他认出了熟悉的卧室中家具的轮廓。他正躺在自己床上，紧紧地裹着一条羊毛毯子，好不容易才把一只手挣脱出来。

"新的生活从膨胀开始，"他想起了教授的话，"谢天谢地，我们还在膨胀中！"然后他起床洗了个澡。

第六章

宇宙歌剧

第二天在吃早餐的时候，汤普金斯先生给教授讲了前一天晚上的梦，教授听得将信将疑。

"宇宙的坍塌，"教授说，"当然是一个很有戏剧性的结局，但我认为星系衰退的速度实在是太快了以至现在的宇宙膨胀根本不会走到坍塌这一步。在我看来，宇宙将会一直膨胀，没有极限，太空中星系分布得也会越来越稀疏。当星系中所有的恒星都耗尽了自身的核燃料时，这个宇宙就会变成一团又黑又冷的天体聚集体向无限的空间中扩散。

"然而，有一些天文学家却不这么认为。他们提出了'稳态宇宙论'，根据这一理论，宇宙在时间上是保持不变的。从过去到现在，宇宙所处的状态一直是不变的，而且这种不变的状态将会持续到未来。当然，这和大英帝国想要维护世界现状所遵循的古老原则相吻合，但我并不认为这个稳态理论是对的。顺便说一句，这个新理论的创始人之一，剑桥大学的理论天文学教授，他写了一部歌剧，下周将在考文特花园首映了。不如你给慕德和你自己订两张票，到时候去听一听？可能会相当有趣。"

他们从海滩度假回来的几天，天气就像海滩边一样阴雨绵绵还很冷，不过此时汤普金斯先生和慕德正舒服地坐在歌剧院里红丝绒的椅子上，等待着舞台幕布缓缓升起。前奏急速响起，交响乐团的领队需要在音乐结束之前更换他礼服的衣领两次。终于，帷幕拉开，不过舞台上的灯光太耀眼了，台下的每个观众都不得不用手掌遮住双眼。从舞台上照射出来的强烈的光束很快便照亮了剧院大堂的每个角落，第一层以及整个剧院楼厅都变成了一片光辉灿烂的海洋。

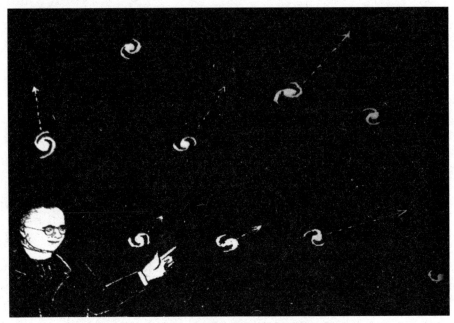

汤普金斯先生看见一位穿着黑色教士服的男人

接着，耀眼的光线渐渐退去，汤普金斯先生才发现自己显然是飘浮在一个黑暗的空间里，许多快速旋转的燃烧着的火炬照亮了这个空间，这些火炬就像是夜间节日常用的火轮一样。此时，听起来就像是风琴声的管弦乐不知从何处响了起来。汤普金斯先生看见不远处站着一个男人，他穿着黑色教士服，戴着神职人员的衣领。按照节目单的顺序，他是来自比利时的勒梅特，他是第一个提出膨胀宇宙理论假设（这个假设被后人称为"大爆炸"理论）的人。

汤普金斯先生至今还记得他的咏叹调的第一节。

噢，万物之源的原子啊！

包含万物的原子啊！

分裂成了极小的碎片。

构成最初的星系，

带着最原始的能量。

噢，放射状的原子啊！

噢，包含一切。

噢，宇宙原子，

都是神的创造！

漫长的演变，

剧烈的爆炸，

留下灰烬和不灭的暗火。

我们站在中心，

望着远去的恒星。

想去怀想，那最初的辉煌。

噢，宇宙原子，

来自上帝之手！

在勒梅特神父结束了他的咏叹调之后，上来了一个高个子的年轻人。根据节目单，他是俄国物理学家乔治·伽莫夫，过去三十年，他一直在美国生活。他唱的是：

尊敬的神父，我们的见解，

在许多方面都一致。

宇宙一直在膨胀，

从它诞生之日始。

宇宙一直在膨胀，

从它诞生之日始。

你说宇宙在运动中膨胀，

我很抱歉我不同意。

我们的看法有分歧，

关于它是如何形成的。

我们的看法有分歧，

关于它是如何形成的。

它是中子流体，

而不是你说的宇宙原子。

自始至终它都是无限的，

它的历史无比悠久。

自始至终它都是无限的，

它的历史无比悠久。

在无限的空间里，

几十亿年过去，

气体到达了最密集的状态，

于是迎来了坍塌的结局。

几十亿年过去，

在坍塌中迎来了自己的结局。

宇宙空间光芒万丈，

在那个关键时刻。

光超越了物质，
它们完全不可比。
光超越了物质，
它们完全不可比。

每一吨的光辐射，
才有一盎司的物质产生，
直到巨大的原始熔炉，
推动了宇宙的膨胀。
直到巨大的原始熔炉，
推动了宇宙的膨胀。

于是光缓慢地暗淡，
一亿年过去了……
在阳光普照下，
物质有了充足来源，
在阳光普照下，
物质有了充足来源，

后来物质开始冷凝，
正如琼斯的假说。
巨大的气云开始分离，
形成原始的星系。
巨大的气云开始分离，

形成原始的星系。

原始星系被打散，

飞向漫漫夜空。

恒星形成又散布，

太空中有了光芒。

恒星形成又散布，

太空中有了光芒。

星系旋转不停，

恒星燃烧至最后。

直到宇宙日渐稀薄，

阴冷黑暗又了无生机。

直到宇宙日渐稀薄，

阴冷黑暗又了无生机。

汤普金斯先生记得第三段抒情曲是该歌剧的作者唱的，他突然出现在闪闪发光的星系之间，从口袋中掏出一个"新诞生的星系"并且唱道：

宇宙啊，奉上帝的旨意，

不是在过去形成，

而是过去、将来都将永存。

因为邦迪、戈尔德和我，

啊，这宇宙，这永恒的宇宙，

我们要把稳态的宇宙颂扬！

衰老的星系分离，

燃尽，退出舞台。

但同时，我们的宇宙

现在、过去、将来，直到永远。

啊，这宇宙，这永恒的宇宙，

我们要把稳态的宇宙颂扬！

新的星系还在凝聚，

从无到有，一如往昔。

（勒梅特、伽莫夫，无意冒犯哟！）

一切存在，都将永远。

啊，这宇宙，这永恒的宇宙，

我们宣扬稳态宇宙！

我们要把稳态的宇宙颂扬！

尽管这些歌词振奋人心，但周围空间里所有的星系还是渐渐熄灭了，最后天鹅绒帷幕降了下来，硕大的歌剧厅里的枝状烛台亮了起来。

"噢，西里尔，"他听见慕德说话，"我知道你不管在什么地方、不管在什么时间都很容易睡着，但是你在考文特花园绝对不应该！你整场演出都在睡！"

当汤普金斯先生送慕德回她家的时候，教授正坐在舒适的椅子上，看着新送来的一期月刊。"回来了，演出感觉怎么样啊？"他问道。

"噢，太棒了！"汤普金斯先生说，"关于永恒宇宙的那一首尤其让我印象深刻，听起来真的让人欣慰。"

教授说："你要小心这些理论，难道你不知道有一句话说'闪光的不都是金子'吗？我刚刚在读一篇剑桥大学另外一名教授马丁·赖尔的文章，他建造了一个巨型射电望远镜，用它能观察到的距离是帕罗玛山200英寸的反射望远镜可以观察的距离的好几倍。据他的观察，那些非常遥远的星系之间的距离比我们近处的星系之间的距离要更近。"

"你的意思是，"汤普金斯先生问，"我们所处的宇宙区域的星系数量分布很稀疏，随着越来越深入宇宙，这个数量密集度会增加？"

"不是这样，"教授回答道，"你一定要记住，由于光速是有限的，当你看向宇宙深处的时候，你也在回望过去的时间。举个例子，因为太阳光到达地球需要八分钟的时间，所以陆地上的天文学家们观察到的太阳表面的耀斑其实是有八分钟的延迟。太空中离我们最近的邻居，位于仙女座的一个螺旋星系——你一定在天文学书籍上看到过它的照片，它距离我们仅有一百万光年。拍摄到的照片其实显示的是它一百万年前的样子。如果宇宙真的是稳恒态的，那么天体的照片就不应该随着时间的变化而改变，而且现在从地球上看到的遥远的星系在空间中分布的距离，与仙女座和我们的距离相比，既不应该更密集，也不应该更稀疏。因此，赖尔观察到的现象表明，遥远的星系在空间上更加靠近，这与之前认为所有星系在遥远的千百万年前是紧凑分布的观点是一致的。这样就与稳恒态理论相违背了，然而却支撑了早先的观点，认为星系在分离，他们的分布密度也在降低。当然，我们一定要有严谨的态度，等待赖尔的结论进一步确认。"

"顺便说一下，"教授继续说，从口袋中掏出一张折起来的纸，"这里是关于这个主题的一首诗，我的一位颇有诗歌造诣的同事最近作的。"

他读了起来：

你那些辛勤劳作的岁月，

赖尔对霍伊尔说，

都是在浪费时间，请相信我。

稳恒态宇宙理论，

已经过时了。

除非我的双眼欺骗了我。

我那天文望远镜，

击碎了你的希望；

你的信条被驳倒了。

让我简洁地来告诉你：

我们的宇宙，

日渐增长，越变越稀薄！

霍伊尔说，

你只不过是在引用

勒梅特和伽莫夫所说的。

我建议你彻底忘掉他们的话，

那是错误的！

那捉摸不定的原始星团，

还有他们的大爆炸理论——

为什么要帮助支持他们？

你看，我的朋友，

宇宙没有结束，

亦没有开始，

正如邦迪、戈尔德和我，

我坚持我们的观点，

直到年逾古稀！

你说得不对！

莱尔大吼道，

怒火在升级，

语气更强硬；

遥远的星系

如我们所见，

越来越紧密地靠在一起！

你真让我生气！

霍伊尔爆发了。

把他的观点重提：

新的物质会诞生，

在每一个夜晚和早晨。

宇宙的画风一成不变！

得了吧，霍伊尔！

我会将你挫败。

（这是滑稽的开始吗？）

过不了多久，

莱尔继续大喊道，

我会让你清醒！

"好吧，"汤普金斯先生说，"我很期待知道这场争论的结果如何。"接着他在慕德的脸颊上亲了一下，跟两人道了晚安后便离开了。

第七章

量子台球

一天，汤普金斯先生结束一整天漫长的土地交易事务后，从银行下班，感到非常疲倦。经过一家酒吧时，他打算进去喝杯麦芽啤酒。酒一杯又一杯下肚后，汤普金斯先生很快觉得头晕起来。酒吧里面有家台球室，里面挤满了戴着套袖的人，正围着中间的桌子打台球。他模糊记得以前来过这里，是一个同事带他来的，还教了他怎么打台球。于是他走近桌旁，看这些人怎么玩。真是奇怪！一个玩家把球放在桌上，用球杆撞了一下。汤普金斯先生惊奇地发现，滚动的球开始"散开"——"散开"是他能找到的唯一能解释球的这一奇怪现象的词汇——穿过绿色的桌毯，看起来越来越模糊，清晰的轮廓也不见了。此时似乎不止一个球在绿毯上滚动，而是有很多个，有的球部分重叠在一起。汤普金斯先生之前看到过相似的现象，但是今天，他虽然一滴威士忌也未沾，却怎么也想不明白这是怎么一回事。"好吧，"他想，"让我们看看这破球是怎么撞击另一个球的。"

击球的玩家显然是位高手，球滚动着按照预想的样子正中另一球，发出很大的声响。原来静止的球和撞来的球（汤普金斯先生很难肯定地说出哪个是哪个）向"四面八方"快速滚去。这真是太奇怪了，看上去不是两个松散的球，而是模糊的、数不清的球，在180°的范围内绕着最初撞击的方向快速四散，就像是从撞击点四散开去的独特的波一样。

然而，汤普金斯先生发现，在最初撞击方向的球的个数有最大值。

"S波散射。"汤普金斯先生身后传来一个熟悉的声音，他听出来是教授。"那现在，"汤普金斯先生大声问道，"有什么东西又弯曲了吗？我看这桌子非常平。"

白球向各个方向散开

"非常正确"，教授回答道："桌面很平，你观察到的实际上是量子力学现象"。

"哦，量子矩阵！"汤普金斯先生小心地说到，语气中带着嘲讽。

"或者说，运动的不确定性。"教授说道。

"如果允许我这么说的话，台球室的主人在屋里收放的这些东西都遭受着"量子巨化"现象的影响。实际上，自然中一切物体都遵循量子规律，但主导这些现象的量子常量非常小，是在小数点后面还有27个零的一个数字。与这些球相比，这个常数大很多——大约为整数1——你可以很容易看到量子现象，这些现象在科学上需要通过很灵敏、先进的仪器才能测量观察到。"说到这，教授想了一会儿，"我并不是刻意批评，"教授继续说道，"但我想知道主人是从哪里弄到这些球的。严格地说，它们不能存在于我们的世界中，因为世界中的所有物体都是受相同的一个极小的常量主导的。"

"也许他是从另一个世界进口来的"，汤普金斯先生假设道。但教授对此答案并不满意，依然满是怀疑。"你发现了，"他说，"球四散开去"，也就是说，两个球在桌上的位置是不确定的。你无法确定标出某一个球的方向。最多你只能说球"很大可能会在这里"或"较少可能在别处"。"这太不寻常了"汤普金斯先生嘟囔道。

"恰恰相反，"教授坚持说道，"这完全正常，因为它在任何物体身上都会发生。只是因为量子常数的数值太小以及一般的观测方法太粗糙，所以人们没有注意到这种不确定性。于是，他们得到一个错误的结论，认为位置和速度都是可确定的量。实际情况是，两者在某种程度上都是不确定的，一个量确定得越准确，另一个量就越发散，越不易确定。量子常数仅主导这两种不确定之间的关系。看，我把这个球置于木三角中，以此来限定它的位置。"

当球放进去时，整个三角形木框满溢着象牙色的光芒。

"快看！"教授喊道，"我把台球的位置限定在三角框几英寸的范围里了。这导致了速度相当大的不确定性，球在木框里面才会快速运动。"

"你不能让它停下吗？"汤普金斯先生问。

"停不了——从物理学上看是不可能的。任何密闭空间里的物体都有某种运动——我们物理学家称之为零点运动，譬如，原子中电子的运动。"

正当汤普金斯先生观看木框中的球像笼子中的老虎一样冲来撞去时，一件非同小可的事发生了。球从三角木框一边"漏"出来，接着朝桌子很远的一个角落滚去。奇怪的是，球不是从木框边蹦出来，而是经过木框边滚走，并没有从桌面跳起。

"你瞧"，汤普金斯先生说道，"你的零点运动逃走了。这符合量子规律吗？"

"当然符合，"教授说，"实际上这是量子理论最有趣的后果之一。只要物体有足够大的力量穿过墙壁逃出，就不可能将它关在一个封闭的空间里，迟早它会'漏出'墙壁逃出。""那我再也不去动物园了"，汤普金斯先生肯定地说道，脑海里映出一幅狮子和老虎们从笼子里逃出来的恐怖画面。接着，他又想到另一幕：车库里锁着的车从车库围墙"漏"了出去，就像中世纪的幽灵一样。

"我还得等多久，"他问教授，"才能看到一辆用普通钢铁造的车，而不是用这里的这些东西制成的车？比如从车库的砖墙里'漏出'，我很想看到这一幕！"

就像中世纪的幽灵一样

在大脑中经过一番快速计算后，教授有了答案："大约需要等

1 000 000 000…000 000 年。"

尽管在银行工作已经习惯了很大的数字，汤普金斯先生依然没记住教授说了多少个零——多到他不再担心他的车会逃走。

"假设我相信你说的所有话，但是，我搞不懂如果没有这些球，这些现象是怎么被观察到的呢？"

"这个质疑很合理，"教授说，"当然，我并不是说我们能在平常接触到的一些大物件上观察到量子现象。我的意思是，量子规律的效应只有在应用到非常小的物质如原子或电子上时，才更容易被注意到。对于这些粒子来说，量子效应已经大到普通力学不适用的程度了。两个原子之间的碰撞看起来正如你刚刚所观察到的两个台球的碰撞，一个原子内部电子的运动就与我放在三角木框中的台球的'零点运动'极为相似。"

"这些原子也经常跑出车库吗？"汤普金斯先生问道。

"对。你肯定听说过放射性物质，其原子自动分解，发射出快速运动的粒子。这样一个中间部分被称作原子核的原子，跟存放汽车，也就是说其他粒子的车库很类似。它们会穿过原子核壁——有时分裂之后一秒都不会继续待在原子核内部。在这些原子核内，量子现象非常普遍！"

这么长时间的对话之后，汤普金斯先生感到很疲倦，心不在焉地四下张望着。他被房间角落里的一个大大的老爷钟吸引了。老爷钟长长的老式钟摆缓慢地摇来摆去。

"我看出你对这个钟很感兴趣，"教授说，"这也是一个不寻常的机械装置——尽管目前已经过时了。这个摆钟就代表着人们最初考虑量子现象时所采用的方法。它的钟摆的放置方法就使得它的摆幅只能在有限的范围内增加。然而，现在所有的钟表匠都采用获得专利的散开型钟摆。"

"天哪，真希望我能理解所有这些复杂的理论！"汤普金斯先生大叫道。

"很好，"教授接过话来，"我在去做关于量子理论的讲座时从酒吧窗户外看到你，我就进来了。现在我正好得走了，要不然该迟到了。你愿意一起去吗？"

"哦，当然愿意去。"汤普金斯先生说道。

跟往常一样，大演讲厅里挤满了学生，虽然汤普金斯先生只能在台阶上找到一个座位，他依然很开心。

女士们、先生们——教授开始讲座了。

在我之前的两个讲座中，我试图向大家展示人们对所有物理速度的极限的发现和对直线概念的分析，让我们完全重建了空间和时间的经典概念。然而，对物理学基础进行批判性分析的发展并非止步于此，还有更多惊人的发现和结论正在浮现。我指的是物理学的一个分支——量子理论，比起对时空特性的关心，它更多研究的是时空中物体的相互影响和运动。在经典物理学中，人们认为这一观点是不证自明的，即只要实验条件允许，两个物体之间的相互作用可以降到无限小，有必要的话还可以实际降到零。比如，在研究某些过程中产生的热时，人们担心放入温度计会带走一部分热，从而干扰到所要观察的正常的过程，那么实验者们总是确信采用比较小的温度计或者是非常迷你的温差电偶，就能把干扰项降低到所要求的精确度极限以下。

人们坚信，从理论上来讲，所有物理过程都能在任何所需的准确度下进行观察，而不受观察过程的干扰，因此，没有人费力明确提出这一说法，所有这一类困难总被当成是技术问题。然而，从 20 世纪初开始积累的新的实验数据让物理学家们逐渐相信实际情况的确要复杂多了，而且自然界中的确存在着某个无法超越的相互作用下限。这一自然存在的精确度下限在我们熟悉的日常生活所出现的各种过程中，小到可以忽略不计，但在微小的机械系统，如原子和分子的相互作用中变得极其重要。

1900 年，德国物理学家马克斯·普朗克在从理论上研究物质与辐射之间的平衡条件时，得出了一个令人惊讶的结论，他认为达到平衡是不可能的，除非我们假设物质与辐射之间的相互作用并不像我们设想的那样是连续发生的，而是通过一系列的分开的"冲击"来实现的，在每一次基本的相互作用中，物质与辐射之间相互转移的能量是确定的。为了达到想要的平衡，也为了使理论得到实验事实的证明，就有必要在每次冲击所转移的能量和确保能量转移发生的过程的频率（周期的倒数）之间引入一个简单的数学比例关系。

因此，用符号 h 来指代比例系数的情况下，普朗克不得不用以下公式来表示能量转移的最小量，或者说是量子：

$$E = hv \qquad\qquad (13)$$

公式中 v 代表辐射的频率，常数 h 的数量值是 6.457×10^{-27} 焦耳·秒，这通常被称为普朗克常数或者量子常数。正因为常数的数值极小，所以日常生活中的量子现象几乎不能被观察到。

几年后，普朗克的理论被爱因斯坦发现，爱因斯坦得出一个结论，辐射不仅仅在发射时是一个个有限的、分离的部分，而且它一直以这样的方式存在，辐射是由许多分离的能量包组成的，他把能量包称为光量子。

光量子在运动时，除了会有能量 hv 外，也会有一定的动量，根据相对论力学，这个动量就相当于它们的能量除以光速 c。要记住，光的频率与它的波长 λ 之间存在一个关系 $v = c/\lambda$，那么光量子的动量公式就可以写成：

$$p = \frac{hv}{c} = \frac{h}{\lambda} \qquad\qquad (14)$$

既然受运动物体影响下的力学作用由动能决定，我们必须得出结论：光量子的作用随着波长的减小而增大。

证明光量子理论及其具有能量和动能这一说法正确性的最佳实验证据

来自美国物理学家阿瑟·康普顿。康普顿在研究光量子和电子的碰撞时，发现在光束作用下的电子运动方式跟被之前所给公式中的具有能量和动能的粒子所击打后的运动方式完全相同，与电子碰撞后，光量子本身也会有某些变化（在频率方面），这与理论中的预测完全一致。

目前我们可以说，就与物质的相互作用而言，辐射的量子特征在实验室得到了很好的验证。

量子理论的进一步发展归功于丹麦知名物理学家玻尔，他于1913年首次提出一个观点：任何一个力学系统的内部运动都可能仅拥有一套可能的能量值，运动只能通过有限的幅度来改变其状态。在每一次这样的迁移中，都会辐射出一定量的能量。确定力学系统各种可能状态的数学法则要比现在这个辐射公式复杂得多，因此我们在这里就不探讨公式了。我们只应该表明，就像在光量子中，光动量是由光的波长决定的，那么在力学系统中，任何一个运动的粒子的动能都与它所运动的空间区域的几何维度有关，以下公式可以表示出它的大小等级：

$$P_{\text{particle}} \cong \frac{h}{l}, \qquad (15)$$

这里的 l 指的是运动区域的线性尺度。由于量子常数数值是极小的，所以只有对在类似于原子和分子内部这样小的空间里的运动，量子现象才尤为重要。它们在我们物质内部结构的知识中扮演着非常重要的角色。

弗兰克和赫兹做的实验直接证明了这类微小的力学系统具有一系列分离态。他们在实验中用不同能量的电子轰击原子时发现，只有当轰击的电子的能量达到某一分离值时，原子的状态才会发生变化。如果电子的能量低于某一极限，在原子中就不会观察到任何现象，因为每一个电子所携带的能量不足以把电子从第一个量子态提升到第二个量子态。

因此，在量子力学发展的最初阶段的最后，我们没有将这一情况描述成对经典物理学基本概念和原则的修订，而只是用相当神秘的量子条件对经典物理学或多或少设置了一些人为限制，从经典物理学中可能出现的连续的、多样的运动中挑选出来一套分离的"允许"状态。但是，如果我们深入观察经典力学规律和我们扩展经验所要求的量子条件之间的关系，我们就应该发现建立在两者统一后的系统在逻辑上具有不一致性，而且经验性的量子限制条件使得经典力学建立的基础原则变得毫无意义。事实上，经典理论中关于运动的基础理论说任何一个运动的粒子在任何一个既定的瞬间在空间中占有确定的位置，而且拥有一个确定的速度，这个速度表明了随着时间的变化，粒子在运动轨迹上位置变化的情况。

这些位置、速度、运动轨迹等经典概念是经典力学建立的基础，它们（就像其他概念一样）形成于我们对周围现象的观察，而且就像时空的经典概念一样，可能随着我们的经验延展到新的、之前未发现的领域而遭受多方面修改。

如果我问某个人为什么他相信任何运动微粒在特定时间占据一个特定位置，从而在一段时间可以描述成一个特定的运动轨迹时，他有很大可能会回答说："因为我观察运动时看到的就是这样。"让我们分析一下形成这一运动轨迹经典概念的方法，看看是否真的能导向一个确定的结果。为了达到这一目的，我们设想一下一个物理学家，他配备各种各样最精密的仪器，尝试着去记录一个从他的实验室墙上扔下的小物体的运动。他决定通过"看"物体如何运动来进行观察。他用一个小而精准的经纬仪来让自己看得更清楚。当然，要想看到移动的物体，就需要把它照亮。他知道总的来说光线会对物体产生一种压力，从而可能干扰到它的运动，于是决定只在观察的瞬间用短的闪光来照明。在第一次实验中，他只想观察轨迹上的 10 个点，因此他选择的闪光源很微弱，这样 10 次连续照明中光压所产生的总体效应在他所需的精确度范围之内。这样，在物体掉落的过程中闪光灯闪 10 次，他在轨迹上以他所希望的精确度获得了 10 个点。

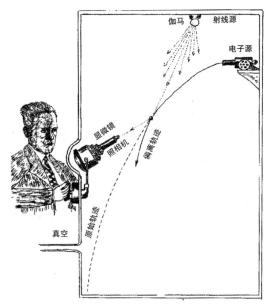

海森伯 γ 射线显微镜

现在他想重复这个实验，得到 100 个点的轨迹。他清楚连续 100 次照明会对运动干扰太大，因此，在准备第二组观察时，他选择强度小 10 倍的闪光源。在第三组实验中，他想得到 1000 个点的轨迹，因此，光源强度比最初的弱 100 倍。

按照这样的方式，不断降低光源强度，他能在轨迹上得到他想得到的任意多的点，而不会增加最初他选择的误差限度。这个高度理想化的，但是在理论上又十分可能的过程代表了通过观察运动物体来构建运动轨迹的严格逻辑方法。你看，在经典物理学框架中，这是非常可能出现的。

但是现在，让我们来看一看，如果我们引进量子限定条件，思考一下任何辐射作用只能在光量子形式下才能转移这一事实时会发生什么？我们看到观察者在不断减少照亮运动物体的光的亮度，但是现在我们必须预料到当只有一个量子时实验就无法继续进行下去，所有光量子要么全部，要么都不会从运动物体身上发生折射。在后一种情况中，观察便无法进行下去。当然，我们已经看到物体与光量子的碰撞效应随着波长的增加而减少，我们的观察者们也必定知道这一点，在观察中用更长的波长来弥补轨迹上点的个数的增加。但是，这里他又遇到另一个难题。

众所周知，当利用某一波长的光时，一个人是看不到比波长更短的细节的；事实上，一个人是无法用刷墙的刷子来画波斯迷你画的。因此，当用越来越长的光波时，观察者会无法准确估算每一个轨迹点的位置值，不能很快进入无法确定估值的状态，因为每一个估值可能跟实验室大小一般大，甚至更大。所以，他最终不得不在观察到的轨迹点的数量和估值不确定性间做出妥协，从而永远无法像经典物理学家们那样得出一条确定的轨迹。他得到的最好的结果可能就是一条相当宽的模糊的带子，如果他基于自己的实验结果而建立轨迹概念，那么这个概念将与经典概念大不相同。

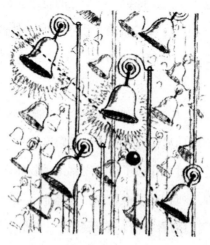

弹簧上的小铃铛

上述讨论的方法是光学的方法，我们现在还可以用力学方法试一试另一种可能性。为了实现这一目的，实验者可以设计一些非常小的力学装置，比如弹簧上的小铃铛，它们可以记录靠近自己的物体的运动路线。观察者可以在运动物体所经过的空间里撒上大量这样的"铃铛"，物体经过时"响着的铃铛"就会记录下它的轨迹。在经典物理学中，人们可以根据自己的喜好将这些"铃铛"做成多小、多灵敏都行，而且在无限数量、无限小的铃铛的极限情况下，也可以用一个想要的精确度来同样获得一条轨迹。然而，力学系统中的量子限制又一次破坏了这个情况。如果"铃铛"太小了，根据公式（3），它们从运动物体中带走的动量就会太大，即使只有一个铃铛被击中，整个运动都会受到很大干扰。如果铃铛很大，那么每个位置的不确定性也就非常大，最后得出的轨迹依然是一个散开的带子！

恐怕这些对于观察物体运动轨迹的实验者的种种考虑会给你留下太注重技术的印象，你也许会觉得，即使我们的观察者用自己的方式不能估测出运动轨迹，利用其他更复杂的工具也会得到理想的结果。但是我必须提醒你，我们在这讨论的并非某个物理实验室中的某个特定实验，而是对物理中最普遍问题测量的理想化形式。我们世界中存在的所有作用要么归于辐射作用，要么归于完全机械作用，任何精密的测量方案必定要依赖这两种方法中的元素，而且最终得出相同的结果。只要我们理想的"测量装置"能涵盖所有物理世界中的现象，我们最终会得出诸如像准确位置和精确图形的运动轨迹这类概念在量子规律支配的世界里不存在。

现在让我们再回到实验者，去努力获取量子条件限制下的数学公式。我们已经看到在使用过的两种方法中，总会存在运动物体的估算位置和对其速度的干扰之间的矛盾。在光学方法中，因为力学的动量守恒定律，与光量子的碰撞必定会带来粒子动量的不确定性，与所用的光量子的动量相当。因此，根据公式（2），我们可以写出粒子动量不确定性的公式：

$$\triangle P_{particle} \cong \frac{h}{\lambda} \tag{16}$$

要记住粒子位置的不确定性是由我们演算出的波长决定的：

$$\triangle p_{particle} \times \triangle q_{particle} \cong h \tag{17}$$

在力学方法中，运动粒子的动量由于被"铃铛"取走了一部分，因而造成了不确定性，运用公式（3），再想一想在这个案例中粒子位置的不确定性是由铃铛的大小决定的，我们又得出了一个与之前案例中相同的公式。由此可见，这个由德国物理学家海森堡最先求出的公式（5），代表了最基础的不确定性，即量子理论不确定关系式。它表明，位置测得越准确，动量就变得越不准确，反之亦然。

再回想到，动量是运动粒子的质量和速度的乘积，我们可以得出：

$$\triangle v_{particle} \times \triangle q_{particle} \cong \frac{h}{m_{particle}} \tag{18}$$

对于常见的物体，这个动量很小。但即便对于质量只有 0.000 000 1 克的较轻的尘埃粒子，它的位置及速度都是可以测量的，且精确度为 0.000 000 01%！不过，对于电子（质量为 10×10^{-29} 克）来说，$\Delta v \Delta q$ 的乘积大约为 100 的数量级。在原子内部，电子的速度应该确定在至少 $\pm 10^{10}$ 厘米／秒的范围内，否则它将会逃出原子。这样，位置的不准确性就等于 10^{-8} 厘米，即整个原子的大小。因此，原子中电子的"轨道"分散开来，轨迹的"厚度"跟它的半径相等。基于此，电子会同时出现在原子核周围的每一处。

在过去的 20 分钟里，我试图告诉你们对运动的经典概念进行批判的灾难性后果。精确优美的经典理论变得支离破碎，变成毫无形状的一锅粥。自然地，你会问我物理学家们面临不确定性的深渊到底会怎样描述这些现象。答案是尽管我们目前已经推翻了所有的经典理论，但我们还没有得出确定的新的公式。

我们还得继续往下说。如果因为位置和轨迹的散开性，我们不能从整体上用数学上的点定义粒子的位置，用数学上的线定义运动轨迹，我们就应该用其他方法来描述，比如，给出在空间中不同点的"粥的密度"。从数学上说，这意味着需要用到连续函数（流体力学中用的那种）；从物理上来讲，这要求我们习惯去采用诸如"物体大部分在这里，一部分在那里，还有一部分在那里"或者"这枚硬币75%在我口袋里，25%在你口袋里"这样的表达方式。我知道这些表达会吓到你，但是由于量子常数的值非常小，你在日常生活中永远不会用到它们。不过如果你要是打算去研究原子物理学，我强烈建议你先习惯这种表达。

我必须再次警告你，认为在我们日常三维空间中确实有函数描述"存在物体的密度"的观点是错误的。事实上，如果我们要描述两个粒子的行为，我们必须要回答这个问题，即第一个粒子待在某个地方的同时，第二个粒子待在别的某个地方。要做到这个，我们就不得不采用有6个变量（2个粒子各有3个坐标）的函数，而这样的函数不适用于三维空间。对于更复杂的系统，必须采用含有更多变量的函数。从这个意义上来讲，"量子力学函数"类似于经典力学中粒子系统的"势函数"或者类似于统计力学系统中的"熵"。它仅仅描述运动，帮助我们预测既定条件下任一特定运动的结果。只有在我们描述粒子运动的时候，它才具有物理的现实意义。

描述一个粒子或粒子系统在不同地方出现的可能性的函数，需要某种数学上的标记，奥地利物理学家薛定谔首先写出了定义这种函数的方程，他用符号"ΨΨ"来表示这个函数。

在这里我不想深入探讨这个基本方程的数学证明，但是我想提醒你们注意得出这一公式的条件。其中最重要的一个条件非同寻常：这个方程的形式必须使得描述这个物质粒子运动的函数显示出所有的波动特性。

法国物理学家德布罗意第一次提出有必要将波动特性归因于物质粒子运动的观点，这是基于他对原子结构的理论研究而提出的。在接下来的许多年里，很多实验者也有力地证明了物质粒子运动的波动特性，比如一束电子穿过小小的开口衍射出去的现象，又比如在相对较大又较复杂的粒子如分子中也会发生干涉现象等等。

从经典运动概念的角度来看，我们所观察到的物质粒子的波动特性绝对无法理解，对此，德布罗意不得不提出一个观点：粒子被某种波"陪伴"，这种波，可以说，"引导了"它的运动。

不过，一旦经典概念被推翻，我们要用连续函数来描述运动，关于波动性质的要求就变得好懂多了。它仅仅是说，"ΨΨ"函数的传播并不类似于（让我们暂且用这个词）热量透过墙壁这样的传播，而是类似于机械变形（声音）透过墙壁的这种传播。从数学的角度讲，这需要我们寻求一个确定且严格的方程式。这个基本条件，加上我们的方程式在用于量子效应可以忽略不计的大质量粒子时，应该变成经典力学中的方程这一额外要求，实际上将寻找方程式这一难题变成了纯数学练习。

如果你对方程式的最后样子感兴趣，我写在这里给你看看：

$$\nabla^2\psi + \frac{4\pi mi}{h}\dot{\psi} - \frac{8\pi^2 m}{h}U\psi = 0 \qquad (19)$$

在这个方程式中，U 函数代表作用于粒子（质量为 m）上的力势。对于任何一种既定的力场分布中运动的问题，这个方程都给出了明确的解答。这就是"薛定谔波动方程"，在它被提出后的 40 年，它帮助物理学家们对原子世界中所发生的所有现象做出最完整、逻辑最连贯的解释。

你们当中有些人一定在想，直到现在我还没有说出"矩阵"这个词，尽管在量子理论中它经常被提及。我必须得承认，我个人相当讨厌这种矩阵，偏向于不使用它们。但是为了让你们了解量子理论中这一数学工具，我稍微讲一两句。正如你们所看到的那样，粒子运动或者一个复杂的力学系统的运动都是用某个确定的连续波函数来描述的。这些函数相当复杂，它们可以看作由许多比较简单的振动，即"本征函数"组成，就像一个复杂的声响是由许多简单的谐波音符组成的那样。

我们可以通过给出其分量的振幅，来描述整个复杂的运动系统。既然分量（泛音）的数量是无限的，那么我们就必须写出振幅的无限表格，形式如下：

q_{11}	q_{12}	q_{13}
q_{21}	q_{22}	q_{23}
q_{31}	q_{32}	q_{33}

这样的表格遵循比较简单的数学运算法则，被称为"矩阵"，与某一特定的运动相对应。一些理论物理学家们喜欢用矩阵来运算，而不是用波函数本身。因此，"矩阵力学"——他们有时会这么称它，其实就是普通的"波动力学"在数学上的改变而已。我这些讲座主要是用来讲清基本的物理问题，我们不需要太过深入探讨这些数学问题。

很遗憾，由于时间关系，我没法向大家介绍量子理论在与相对论结合之后取得的进一步发展。这一发展主要归功于英国物理学家狄拉克的研究工作，他提出了许多有趣的观点，同时也带来了一些极为重要的实验发现。以后我可能会回过头来再讲这些问题，但是现在我必须结束讲座了，衷心希望这一系列讲座能帮助你们更好地了解物理学中当前的一些概念，并激起你们深入研究的兴趣。

第八章
量子丛林

第二天一早，汤普金斯先生还在赖床。突然，他感觉有人在自己的房间里。他起身张望，发现他的朋友——教授正坐在椅子上，膝盖上摊开一张地图，正在全神贯注地研究着。

"你跟我一起去吗？"教授抬起头问道。

"去哪儿？"汤普金斯先生疑惑地问，心里想着教授是怎么进他房间的。

"跟我一起去看大象，还有量子丛林里的其他动物。我们之前去的那个台球室的老板最近偷偷告诉我，说他制作台球的那象牙就是从那里带回来的。你看看这个地区，我在地图上用红色铅笔标出来了。似乎在这里的一切事物所遵循的量子定律中的量子常数非常大。当地人认为这块地方有'妖魔鬼怪'，所以我担心很难找到一个导游了。不过如果你想跟我一起去，最好赶紧起床，动作快点。船还有一个小时就要出发了，我们还要在路上捎上理查德爵士。"

"谁是理查德爵士？"汤普金斯先生问。

"你从没有听说过他吗？"教授感到非常惊讶，"他是很有名的'老虎猎人'啊，我告诉他那里一定有一些有趣的猎物，他就决定和我们一起过去啦。"

　　当他们准时到达码头的时候，看见码头上正在装载好多长箱子，里面都是理查德爵士的步枪，以及铅做的特制子弹，听说用来做子弹的铅是教授从量子丛林旁的铅矿中得来的。汤普金斯先生正在把他的行李放进船舱时，船身稳定地振动了起来，船起航了。航海之旅平平淡淡，时间很快就过去了，他们上岸了，到达了一个迷人的东方城市，这是离神秘的量子区域最近的有人居住的地方。

　　"现在，"教授说，"我们需要买一头大象才能开始我们的内陆之行，我想没有当地人会同意和我们一起去的，所以我们不得不自己控制大象。我亲爱的汤普金斯，由你负责这项工作。我一路上得忙于我的科学观察，理查德爵士得搞定这些武器。"

　　他们来到位于城郊的大象市场。当看到这些要由他控制的巨型动物时，汤普金斯先生心情有些糟糕。理查德爵士很了解大象，所以挑选了一头很不错的大象，然后询问大象主人，大象的价格是多少。

　　当地人说了一串让人听不懂的土话，露出了他的一口白牙。

　　"他想卖很多钱，"理查德爵士翻译道，"他说这头象是从量子丛林来的，所以更贵一些。我们要买吗？"

　　"当然要买，"教授给他们二人解释，"我在船上听说过有时大象会从量子丛林那边跑，被当场人抓住。它们比从其他地方出来的大象好得多，对我们来说就更好了，因为大象这种动物在丛林里认得自己的家。"

　　汤普金斯先生全方位、仔仔细细地打量起这头大象来，它的确很漂亮、高大，但是并没有看出来它和他在动物园里看到的大象在行为上有什么区别。他转头问教授："您说它是量子大象，但我发现它跟普通大象并没什么两样，也没有像那些用它的同类们的长牙做出来的台球那样奇特。

为什么它没有向四处散开呢？"

"你的反应真迟钝，"教授说他，"这是因为它的质量很大。我之前告诉过你，位置和速度的测不准性都取决于质量，质量越大，测不准性就越小。这就是为什么在普通世界里我们得不到量子定律，甚至是在灰尘粒子中也看不出来。但是，量子定律对于电子来说相当重要，因为电子比灰尘粒子轻太多了。现在呢，在量子丛林里，尽管量子常数非常大，但还没有大到足以对大象这样重的动物产生显著的影响。只有近距离观察量子大象的轮廓，才能注意到它位置的测不准性。你可能已经注意到它皮肤表面不是很清晰，看上去似乎有些模糊。随着时间的推移，这种测不准性会增加，据当地的传说，量子丛林里非常年迈的大象有着长长的毛发，我想这就是这个传说的起源。但是我估计小一点的动物会有非常明显的量子效应。"

"那还好，"汤普金斯先生心想，"如果我们这次探险是骑着马的话，我可能永远也不知道我的马是在我膝盖之间还是在下一个山谷里。"

等教授和端着步枪的理查德爵士爬进固定在大象背上的篮筐之后，汤普金斯先生坐在了大象脖子的位置，开始担当起骑象人的职责。他紧紧抓住赶象棒，一行三人朝神秘的丛林进发。

城里人告诉他们大概需要一个小时才能到达丛林，于是汤普金斯先生决定一边尽力在大象的两耳之间找平衡，一边利用这个时间再向教授请教更多关于量子现象的知识。

"您能不能告诉我，"他转过头问教授，"为什么质量小的物体表现得如此特别？你一直在说的这个量子常数的普遍意义又是什么？"

"噢，这个并不难理解，"教授说，"你在量子世界里观察到的所有物体的怪异表现都是因为你在看着它们。"

"它们太害羞了吗？"汤普金斯先生笑道。

"'害羞'并不是个合适的词，"教授指正他，"问题在于，在对运动进行观察时，你不可避免地会干扰到这个运动。事实上，如果你了解物体的运动，意味着物体在运动时会对你的感官或者正在使用的观察装置产生了某种作用。由于作用和反作用是彼此存在的，所以我们可以得出结论，你的测量设备同时也对运动的物体起作用了，或者是它'破坏'了物体的运动，给它的位置和速度引入了测不准性。"

"那么，"汤普金斯先生说，"如果我在台球室里触碰到了某个台球，那么我肯定是干扰了它的运动。但如果我只是看着它，怎么就干扰它了呢？"

"当然会了。你在黑暗中是看不见球的，如果你把它放到光线下，那些反射的光线既让它变得可见，又会作用于它身上——我们称为光压——这也'破坏'它的运动。"

"但如果我用的是非常精密和灵敏的仪器，那我不能让我的设备作用在运动的物体上面的力足够小以至可以忽略的程度吗？"

"那是我们在古典物理学中的想法，当时量子作用还没有被人们发现。20世纪初，人们逐渐意识到对任何一个物体的作用力都不能低于某个确定的限度，即我们所说的量子常数，用符号 h 表示。在普通的世界中，量子作用是非常小的；用惯用单位来表示，它的数值在小数点后还有27个零，并且只对诸如电子这样轻的粒子是很重要的，因为电子质量很小，所以它会被很小的作用力影响。我们现在要去的量子丛林，它里面的量子作用是非常大的。那是一个粗放的世界，不存在柔和的作用。一个人如果在那个世界里想要抚摸一只猫，那只猫要么是什么都没感觉到，要么就被第一下'量子抚摸'折断了脖子。"

"好吧，"汤普金斯先生若有所思，"但当没有人看的时候，物体的表现会正常吗？我的意思是，像我们习惯认为的那样。"

"要是没有人看，"教授说，"没有人知道它们怎样表现，那么你的问题就没有物理意义了。"

"好吧，好吧，"汤普金斯先生呼喊道，"这对于我来说简直是个哲学问题！"

"随便你吧，你可以认为这是个哲学问题，"教授显然感觉被冒犯了，"但事实上，这就是现代物理的基本原则——绝不要去谈你无法验证的东西。现代物理理论全部都基于这个原则，然而哲学家们通常会忽略这一点。比如说，著名的德国哲学家康德曾花了很长时间去思考物体的性质，他认为物体的性质不是'呈现出来给我们看'的，而是它们'自身就在那里'的。对于现代物理学家来说，只有'可观察量'（即具有可观察特质的）才有意义，现代物理学整体都建立在这些可观察量的相互关系上。无法被观察到的东西只适用于闲暇时候胡思乱想一下，你在发明它们的时候没有任何限制，也不可能去验证它们是否存在，或者根本无法利用它们。我只能说……"

就在这时，空中传来了一声可怕的吼叫声，大象被吓得剧烈地颤抖起来，差点把汤普金斯先生摔了下去。一大群老虎正在从四面八方跑来，准备同时攻击他们的大象。理查德爵士紧紧抓住步枪，瞄准了离他最近的那只老虎的双眼之间的位置扣动了扳机。下一刻汤普金斯先生就听到理查德低吼着骂了一句。原来那颗子弹直接穿过了老虎的脑袋，却对这只老虎没有造成任何伤害。

"多打几枪！"教授大喊道，"分散火力，不要太在意是否精确瞄准！这里只有一只老虎，但它分散开来包围了大象，我们唯一的希望就是提高哈密顿量。"

说着教授也拿起了另一把步枪，激烈的枪声与量子老虎的吼声交织在一起。对于汤普金斯先生来说，似乎过了一个世纪，战斗才结束。终于，一发子弹'击中了要害'，让他惊讶的是，那只中枪后突然被变回一只的老虎竟然被狠狠地甩了出去，它的尸体在空中画了道弧线，落到了远处棕榈林中后面的某个地方。

"谁是哈密顿？"一切都归于平静之后，汤普金斯先生问道，

"他是有名的猎人吗？你想把他从坟墓中召唤出来助我们一臂之力？"

"噢！"教授说，"不好意思，刚才战斗太激烈了，我竟然用到了你不理解的科学术语了。'哈密顿'是一种数学表达方式，用来描述两个物体之间的量子相互作用。这是以数学家哈密顿的名字命名的，他最早使用了这一数学表达法。我刚才想说的是，射出更多的量子子弹，我们就会增加子弹和老虎身体之间相互作用的可能性。在量子世界中，你知道的，人不能准确瞄准目标并且保证一击毙命。因为子弹自身的分散，也由于目标对象自身的分散，所以命中率是有限的，没有确定性。刚才我们射击了至少30发子弹才击中了那只老虎，而且子弹在老虎身上的作用力极强，以至它被抛飞到很远的地方了。在我们的世界里，相同的事情也会发生，但是程度就会小很多。正如我刚才已经提到的，在普通的世界里，人想要观察到量子现象就会去研究如电子般小的粒子的表现。你可能听说过，每个原子都是由一个中心的原子核和许多在原子核周围旋转的电子组成。过去，人们习惯地认为电子围绕着原子核旋转运动就类似于行星围绕着太阳旋转，但是进一步的研究结果表明，运动的普通概念对于原子这样一个微缩系统来说实在是太粗糙了。在原子内部扮演着重要角色的作用与基本量子作用具有相同的数量级。这么一来，整个画面就大幅度展开了。电子围

绕着原子核旋转运动，在很多方面就类似于老虎围绕着大象转。"

一大群看起来模模糊糊的老虎正在攻击他们的大象

"那有没有人像我们射击老虎一样射击电子呢？"汤普金斯先生问道。

"当然有，原子核自身有时候就会发射出能量极强的光量子或者光的基本作用单元。你也可以用一束光从原子的外部照射电子。并且就像刚才的老虎一样，那些原子核都会发生这样的情况：许多光量子穿过了电子所在的地方却对它没有影响，直到最后，其中一个光量子作用到电子上了，把它射出了原子外。量子系统不会受到轻微的影响，它要么完全不受影响，要么就受到很大的影响，发生很大的改变。"

"就像在量子世界中可怜的小猫被抚摸可能会被折断脖子一样。"汤普金斯先生总结道。

"看！羚羊！好多羚羊！"理查德爵士惊叫起来，他举起了步枪。确实有一大群羚羊正从竹林中涌出来。

"训练有素的羚羊，"汤普金斯心里想，"它们就像阅兵游行的士兵一样整齐地奔跑。我怀疑这也是某种量子效应。"

羚羊群朝着大象快速奔过来，理查德爵士准备向它们射击，这时教授拦住了他。

"不要浪费你的子弹了，"他说，"当一只动物以衍射的行为模式运动的时候，击中它的概率极其微小。"

"你说'一只'动物是什么意思？"理查德爵士不解地惊呼，"这里至少有几十只！"

理查德爵士准备开枪时，教授拦住了他

"噢，不是的！这里只有一只小羚羊，因为它受到了惊吓，所以正在穿过竹林跑过来。现在，这些'分散'的羚羊具有类似于普通的光线穿过一连串正常的开口时相同的性质。比如说，竹林里的两个分开的竹子之间会产生衍射现象，你可能在学校里听说过。因此，我们谈论的只不过是物质的波动特征。"

但是理查德爵士和汤普金斯先生根本弄不懂这个神秘的术语——"衍射"是什么意思，所以对话没有进行下去。

在穿过这片量子地带的漫长旅途中，我们的旅行者遇到了相当多其他的有趣现象，例如量子蚊子，由于它们的质量太小了，勉强刚好能成形，所以根本无法确定它们的位置，还有一些非常好玩的量子猴子。现在它们正在靠近一个看起来像是土著村庄的地方。

教授说："我不知道在这片区域还有人类聚集。从声音判断，我猜他们正在举办什么节日活动。你们听这持续不断的铃铛声。"

那些土著人很明显是在围着篝火跳着狂野的舞蹈，但是很难区分各自的形态。大大小小拿着铃铛的棕色的手此起彼伏地举起。当他们走近人群时，眼前的一切，包括小木屋，还有周围的大树，都开始分散开来，而铃铛的响声也变得更加刺耳，汤普金斯先生的耳朵也变得越发难受。他伸出手，抓到某个东西，然后把它扔得远远的。闹钟打翻了他床头柜上的一杯水，溅出的凉水洒到了他脸上，把他惊醒了。他跳下了床，迅速地穿好衣服，因为半个小时以后他必须到银行去上班。

第九章

麦克斯维妖

经历了数月不同寻常的冒险，其间教授努力向汤普金斯先生介绍物理学的奥秘。汤普金斯先生越来越被慕德给迷住了，最后，他非常羞涩地向慕德求婚。慕德欣然接受，他们结为夫妻。教授便有了"岳父"这样一个全新的身份，他认为自己有责任扩充自己女婿在物理学领域的知识，了解其最新的进展。

一个周日的下午，汤普金斯夫妇在自己舒适的公寓里，躺在扶手椅上休息。慕德沉浸于最新一期的《联盟》杂志，而汤普金斯正在读《时尚先生》杂志上的一篇文章。

"哇！"汤普金斯先生突然喊道，"这里有一个胜券在握的概率游戏系统！"

慕德有点儿不情愿地将注意力从《联盟》杂志上挪开，问道："西里尔，你真认为会有稳操胜券的游戏吗？父亲一直都说根本不存在稳赚不赔的赌博游戏啊！"

汤普金斯将自己研究了半小时的那篇文章递给慕德，说道："慕德，你看这里，虽然我不知道其他系统，但这个系统是基于简单的数学，我真的不知道它怎么可能会出错。你所要做的就是在一张纸上写下三个数字：1，2，3。然后咱们按照此处说的一些简单规则来试一试。"

慕德瞬间有了兴趣，说道："好吧，咱们试试看！有什么规则呢？"

"这次你必须得赢啊！"

汤普金斯回答道："咱们就按照文章中给出的例子去做。这也可能是最好的学习方法了。文章中他们玩的是一种轮盘赌的游戏：即你把钱押在红色区域或黑色区域上，就像咱们押硬币的正面或反面一样。我也写下三个数字：1，2，3。

"规则是我的赌注应该是这串数字首位两个数字之和。所以我出1+3，也就是4个筹码，把它放在红色区域内。如果我赢了，就可以把数字1和3划掉，那么我下一个的赌注必然是剩下的数字2。如果我输了，我会把损失的金额加到这串数字的末尾，然后用同样的规则来确定我下一个赌注。好吧，假设球落在了黑色区域内，我输了，庄家就把我的4个筹码都捞了过去。然后，我新的一串数字将会是：1，2，3，4。

而我的下一个赌注将是1+4，也就是5个筹码。假设我再输一次，依照文章所说的，我必须以同样的方式继续玩下去，在这串数字末尾加上5，然后将6个筹码放到桌子上。”

此时慕德变得相当激动，喊道：“但是这次你必须得赢啊，你不能一直输下去！”

汤普金斯说道：“不会的！小时候，我经常和朋友们玩猜硬币的游戏。有一次我连续十次猜对了硬币会正面朝上，信不信由你。但按文章里说的那样，假如这次我赢了，我将12个筹码收入囊中，但与我原来的赌资相比，我依然少了3个筹码。依照游戏规则，我现在必须将数字1和5去掉，即现在我的数字串变为：1, 2, 3, 4, 5。我的下一个赌注必须是2+4，即6个筹码”

慕德叹了口气，眼神越过丈夫的肩膀，读着那篇文章，说道：“文章说这次你又输了，也就意味着你得在这个数字串末尾增加数字6，然后下个赌注是8，对吗？”

“是的，没错，我又输了。我的数字串现在应该是：1, 2, 3, 4, 5, 6, 8。”

“这次我要押10个筹码了。如果我赢了，划掉数字2和8，下一个赌注是3+6，即9个筹码，但是我又输了。”

慕德噘着嘴抱怨道：“这个例子真是糟糕！到目前为止，你输了三次，只赢了一次。真是不公平！”

汤普金斯像个魔术师一样自信地说道：“没关系！没关系！等这一轮结束时，我们会赢的。我在上一回合中损失了9个筹码，因此我得把数字

9加到数字串的末尾。现在新的数字串变为：1, 2, 3, 4, 5, 6, 8, 9。

"我要押12个筹码。这次我赢了。划去数字3和9，新的赌注是4+6，即10个筹码。我又连着赢了一次，数字全都被划掉了，这一轮结束了。尽管我仅赢了4次，输了5次，但最后我还是赚了6个筹码！"

慕德将信将疑地问道："你确信自己赚了6个筹码？"

"我很肯定！你看这个游戏系统是这么运作的：每个轮回结束，你总能赢6个筹码。你可以用简单的算术来证明这一点。这就是为什么我说这个系统是数学赌注游戏，不可能失败的。如果你不信，可以拿张纸自己检查一下！"

慕德若有所思地说道："好吧！我就当确实如你所说，这个赌法真的不会输，但是，每次6个筹码其实赢不了多少。"

"是的，但如果你确信自己每个回合都能赢6个筹码，然后一遍又一遍地重复这个过程，每次都从1，2，3开始，想赚多少就赚多少。这样你不是赢得很可观吗？"

慕德听到这里兴奋地叫道："太好了！那你可以把银行的工作给辞了，我们也可以住进更好的房子，我今天在商店橱窗里看到一件特别好看的貂皮大衣，只需花费……"

"我们当然要买下来，但首先我们得快点到蒙特卡洛。肯定还有很多人读过这篇文章。如果到了那里发现别人比我们先赶到，赢得让赌场破了产，那就糟糕了！"

听到这儿慕德立即建议道："我去打电话给航空公司，看看最近一班飞机何时起飞。"

"干吗这么着急？"客厅里传来一阵熟悉的声音。原来是慕德的父亲。他走进房间，惊讶地看着这对异常激动的夫妇。

汤普金斯起身和教授打了一个招呼，说道："我们要乘坐最早的航班飞去蒙特卡洛。等我们归来的时候，就变成富豪啦！"

"哦，我明白了，"教授微笑着，顺势在壁炉旁的一把老式扶手椅上舒适地坐下，"你们是找到了一种新的赌法吗？'

慕德的手还在电话机上没有挪开。她抗议道："爸爸，这次我们真的会赢！"

汤普金斯接着说道："是的，这次我们的确不能错过！"他边说边把杂志递给了教授。

"是吗？"教授微笑着说道。"好吧，我来看看！"他迅速浏览了一下这篇文章，接着说道："这个玩法的一个显著特点便是你下注金额的规则。它要求你在每次赌输后都提高赌注，而每次赌赢后都要降低赌注。因此，如果你的资金是有规律地交替输赢的，你的资金就会不断上下波动。但是，每次增加的幅度都比上次减少的幅度略大。在这种情况下，你当然会很快成为百万富翁。但你肯定也明白，这种规律性通常不会发生。事实上，这样一个有规律的输赢交替的概率和连续多次获胜的概率一样小。因此，我们必须看看，如果你连续赢几次或连续输几次，将会有什么情况发生呢？如果你得到赌徒们所说的连胜，这个规则会强迫你每次赢了之后要降低赌注（或至少不提高赌注），所以你赢得的总金额不会很高。相反，由于每次赌输后你都必须提高自己的赌注，其结果可能更具灾难性——你有可能会破产。

"现在你应该明白了，代表你的资本变化的曲线将由几个缓慢上升的部分组成，其间穿插着急剧下降的部分。在赌博开始时，你很可能会看到自己的钱在缓慢上升，你会在一段时间内享受着这种赌资缓慢增长带给你的愉悦感。然而，当你赌上一段时间，在期待自己获利越来越大的时候，你会意外地经受曲线的急剧下降，其幅度可能大到片刻令你倾家荡产。我们可以用一种相当简单的方式来证明。在这种玩法或任何其他玩法中，曲线上升一倍的概率和它降到零的概率是相等的。换言之，你把所有的钱都投在红色区域或黑色区域，将赌资翻倍的赢钱概率与玩一轮就全部输光的赔钱概率是一样的。这种玩法本质上就是延长赌局时间，让赢钱的欲望为你带来乐趣。但如果这就是你所期望的，你大可不必搞得这么复杂。你知道，每个轮盘上有 36 个数字，每次你都可以押 35 个数字。那么你赢钱的概率是 35/36，每赢一次，庄家会在你下注的 35 个筹码之外多给你一个。然而，在轮盘每转 36 次中，球约有一次会停在你没押注的那个数字上，那么你将一次性输掉 35 个筹码。依此赌法玩上足够长的时间，你资金波动曲线将和你在杂志上看到的那种赌法的波动曲线一样。

"当然，我一直假设庄家没有设置空位通吃这一格。但事实上，我所见过的每一个轮盘上都有零这一格，而且经常会有两个零，这就增加了对玩家的不利概率。因此，不管用哪种赌法，玩家的钱都会从自己口袋逐渐流到老板口袋里。"

听到这儿，汤普金斯沮丧极了。他说："你的意思是，根本就不存在一个稳赚不赔的赌法，不冒很高的输钱风险，就不可能赢钱吗？"

"这正是我的意思，"教授说，"更重要的是，我所说的不仅适用于赌博这种不太重要的问题，而且适用于许多看上去与概率定律毫无关联的物理现象。说到这一点，如果你能设计出一套打破概率定律的系统，那么还有比用它赚大钱更令人兴奋的事情。人们可以生产不烧燃油的汽车，工厂也可以不用烧煤，以及诸如此类许多神奇的东西！"

听到这儿，汤普金斯说："我在某个地方曾读到过这类假想机器的文章，我记得它们被称为'永动机'。如果我没记错，这种不用燃料就能运转的机器是不可能存在的，因为任何东西都不能凭空制造能量。不管怎样，这种'永动机'与赌博没有关系。"

"孩子，你说得很对！"教授非常赞同。他女婿多少懂点物理学知识，这令他非常欣慰。"这种永动机，即'第一类永动机'，违背了能量守恒定律，因此根本不可能存在。然而，我心目中不烧燃料的机器跟它们不属于同一类别，通常被称为'第二类永动机'。人们设计此类机器的目的不是无中生有地创造能量，而是从地球、海洋或空气这些周围蓄热层中提取能量。例如，你可以想象有一艘蒸汽船，它锅炉里的蒸汽不是通过燃烧煤而是通过从周围的水中提取热量而产生的。事实上，如果真的有可能使热量从较冷物体流向较热物体，那么不用其他方法，人们就可以建造一个系统，将海水泵上来，提取其中的热量，然后将残留的冰块处理掉。当一加仑（1 加仑 =3.785 升）冷水凝结成冰时，它会释放出足够的热量，为另一加仑冷水提供足够的热量将其加热至接近沸点。通过每分钟泵入几加仑海水，人们可以很容易地收集足够的热量来运行一台大型发动机。就所有实际用途而言，这第二类永动机与第一类永动机一样好。有了这样的引擎，世界上每个人都可以像那个拥有无与伦比的轮盘赌系统的人一样无忧无虑地生活。不幸的是，它们同样不可能存在，因为它们都以同样的方式违反了概率定律。"

汤普金斯说："我承认，从海水中提取热量，用来给船上锅炉加热产生蒸汽，这的确是一个疯狂的想法。然而，我依然不能明白这个问题与概率定律之间有什么联系。当然，你不是在建议用骰子和轮盘来充当这些无燃料机器的运动部件，对吧？"

"当然不是！"教授笑道，"至少我相信，即使是最疯狂的永动机发明家也不会提出这种建议。关键是，热过程本身在性质上与骰子游戏非常相似，希望热量从较冷物体流向较热物体，与希望钱从赌场庄家的账户流入你的口袋两者是一样的。"

"你是说庄家的账户是冷的，而我的口袋是热的？"汤普金斯满头雾水地问道。

"从某种意义上说，是这样的，"教授回答道，"如果你没有错过我上周的讲座，你就会知道热不过是无数粒子（这些粒子被称为原子和分子）的快速不规律运动。所有物质体都是由这些粒子构成的。分子运动越剧烈，物体的温度就越高。由于这种分子运动是非常不规律的，所以它就会遵循概率定理。我们很容易便发现，由大量粒子组成的系统最有可能的状态与现有的总能量在所有粒子间均匀分布状态相一致。如果物体的一部分被加热，也就是说，这个区域的分子运动开始加快，可以预料，通过大量的偶然碰撞，这种多余的能量很快就会均匀地分布给其他粒子。然而，由于碰撞纯粹是偶发的，某一组粒子可能以牺牲其他粒子为代价，吸收了大部分现有热量，从而使热量自发地聚集在物体某一特定部位，就相当于热量逆温度梯度而流动。然而，如果人们试图计算这种自发热量集中发生的相对概率，他将会得到一个很小的数值，从实际层面上看，这种情况几乎不可能出现。"

"噢，我现在明白了，"汤普金斯先生说，"你的意思是，第二类永动机可能偶尔工作一次，但发生的概率就如同扔 100 次骰子，连续 7 次扔出同样数字的概率，非常小。"

教授补充道："概率比这个还要小多了。事实上，在与自然界赌博时，成功概率相当小，小到我们很难用语言来描述。例如，我可以计算出这个房间里所有空气都聚集在桌子下面，而其他地方都绝对真空的概率。你一次掷骰子的数量应该等于房间里空气分子的数量，所以我必须知道这里有多少空气分子。我记得，在大气压下，1 立方厘米的空气中所包含的分子数是一个 20 位的数字，所以整个房间里的空气分子总数应该是一个 27 位的数字。桌子下面的空间大约是房间体积的 1%，因此，任何特定的分子在桌子下面而不是其他地方的概率是 1%。所以，计算出它们全部跑到桌子下面的概率，即 1% 乘以 1% 再乘以……，依此类推，直到每一个分子都数尽。其结果将是一个小数点后有 54 个零的数字。"

"哦！"汤普金斯先生叹了口气，"我当然不会将赌注押在这么小概率的事情上了！不过这难道不意味着偏离等分是完全不可能发生的吗？"

"是的，"教授同意他的说法，"你可以认为，我们不会因为所有的空气都在桌子下面而窒息。因为均匀分布，液体也不会在你的玻璃酒杯中自动沸腾。但是如果你考虑更小的区域，里面包含的分子数量就少很多，而偏离统计分布的可能性会更大。例如，在这个房间里，空气分子会习惯性地在某些点上变得更加密集，更进一步提高了不均匀性，我们将此称为"密度的统计波动"。当太阳光穿过地球大气层时，这种不均匀性会导致光谱中蓝光的散射，从而赋予天空熟悉的蓝色。如果没有这些密度波动的存在，天空将永远是黑色的，而星星也将在白昼时清晰可见。同样，当液体温度升高到接近沸点时，它会呈现出轻微乳白色，这也可以用分子运动的不规则性所产生的密度波动来解释。但是，在大范围内，这样的波动是几乎不可能的，我们哪怕活上数十亿年都不一定能看到一次。"

汤普金斯坚持道："但此时此刻，就在这个房间里，仍有可能发生不寻常的事情，不是吗？"

"是的，当然有。我们没有理由认为，一碗汤不可能因为自身一半的分子偶然获得了同一方向的热速度，而自己洒在桌布上。"

"这种奇怪的事儿昨天刚刚发生，"慕德插话道，现在她看完了自己的杂志，对他们的谈话内容产生了浓厚的兴趣，"汤洒了，女仆却说她连桌子都没碰过。"

教授笑道："在这种特殊情况下，我猜该负责任的应该是那位女仆，而不是麦克斯韦妖。"

"麦克斯韦妖？"汤普金斯先生惊讶地重复道。

"我觉得科学家们是最不可能相信妖魔鬼怪这类东西的人啊！"

"嗯，我们不把妖魔鬼怪当回事，"教授说，"著名物理学家麦克斯韦引入了'统计学妖怪'这一概念，为了将其解释得更为生动，他用这个概念来阐释有关热现象的讨论。麦克斯韦妖被设定为一个运动速度相当快的角色，能按照你的指令，改变每个分子运动的方向。如果真有这样一个麦克斯韦妖，那么热量可以逆温度阶梯流动，这样一来，热力学的基本定律，即熵增加原理，将一文不值。"

"熵？"汤普金斯先生重复道，"我以前听过这个字。有一次，我的一个同事举办了一个聚会。喝下几杯酒后，受邀的几位化学专业的学生开始和着'奥古斯丁之歌'童谣的曲调这样唱了起来：

"增增，减减

"减减，增增

"我们到底关心什么

"熵到底是干什么的？

"那，熵到底是什么呢？"

"这不难解释。'熵'就是一个术语，用来描述在任何既定物体或物体系统中分子运动的无序程度。分子间的无数不规则碰撞总是倾向于增加熵，因为绝对无序是任何统计系统最可能存在的状态。然而，如果麦克斯韦妖存在，他很快就会对分子运动进行排序，就仿佛是一只训练有素的牧羊犬，将羊群聚集在一起，控制着羊群行进的方向。熵就会开始减少。我也应该告诉你，根据玻耳兹曼提出的 H 定理……"

教授显然忘了他在和一个对物理学一无所知的人谈话，其物理学知识根本不及高年级学生的水平。他继续漫无目的地讲下去，用了诸如"广义参数"和"准各态历经假说"这样的奇怪术语，以为自己将热力学的基本定律及吉布斯统计力学的关系解释得一清二楚。而汤普金斯则习惯了岳父总是滔滔不绝地跟他聊那些完全听不懂的话题，所以他像哲学家般地啜饮着苏格兰威士忌和苏打水，试图让自己看起来很有智慧的样子。但所有这些统计物理学的精彩理论对慕德来说实在太难。她蜷缩在椅子上，努力睁大困顿的双眼。为了摆脱倦意，她决定去看看晚饭做得怎么样了。

"夫人想要什么吗？"当她走进餐厅时，一个穿着考究的高个子管家向她鞠躬，问道。

慕德回答道："没什么想要的，你继续干活吧。"她不知道这个管家为什么会出现在那里。这似乎特别奇怪，因为他们从来没有请过管家，当然也雇不起。那个男人又高又瘦，橄榄色的皮肤，又长又尖的鼻子，一双绿色的眼睛似乎闪耀着奇怪而强烈的光芒。当慕德注意到他前额黑发中隐约露出的两块对称的肿块时，她从头到脚打了一个寒战。

她想："要么是我在做梦，要么这就是梅菲斯特本人从大剧院跑出来了。"

"是我丈夫雇的你吗？"她大声问，只是想说点什么让自己不那么惊恐。

"准确说来不是的，"这位陌生的管家回答道，艺术性地摸了摸餐桌，"事实上，我自愿来到这里，是为了向你尊敬的父亲表明，我不是他认为的那种虚构人物，我是真实存在的。请允许我自我介绍一下。我是麦克斯韦妖。"

"噢！"慕德松了一口气，"那么你可能不像其他妖怪那样邪恶，也无意伤害任何人吧。"

"当然不会，""妖怪"咧嘴笑着说，"但我喜欢恶作剧，我要跟你父亲开个玩笑。"

"那你想要怎么做？"慕德问道，她还是不太放心。

"我只是想向他展示，如果我愿意，熵增定律是可以被打破的。请相信我能做到这一点。你要能跟我一起过去我将不胜感激。我向你保证，这一点也不危险。"

"地狱就是长这样吗？"

"地狱就是长这样吗？"

听他说完这些话，慕德感到"妖怪"的手紧紧地抓住了她的胳膊，周围的一切突然变得疯狂起来。餐厅里所有熟悉的东西都开始以惊人的速度增长，她最后看了一眼椅背，此时椅背已经遮住了整个地平线。当一切终于平静下来时，她发现自己在同伴的搀扶下飘浮在半空中。她看见许多网球大小、雾蒙蒙的球状体从四面八方飞驰而过，但麦克斯韦妖巧妙地阻止它们与任何看起来危险的物体相撞。慕德向下看去，她看到了一艘仿佛像渔船的东西，上面堆满了颤动的、闪闪发光的鱼。然而，它们不是鱼，而是无数个雾状的球，非常像空中飞过的那些雾球。"妖怪"把她引到更近的地方，她感觉自己被一大堆稀粥包围着，这些稀粥在以一种无规律的方式不停地运动着。有些球升向表面，有些球则往下沉。偶尔会有一个球以飞快的速度冲向表面，速度之快甚至可以冲破表面，飞向空中；有的球在空中飞转后突然下沉，消失在千万个球中。当慕德更近距离地观察这个类似"粥"一样的东西时，她发现这些球实际上有两种不同的类型。如果说大多数看起来像网球，那么另外那些更大、更细长一些的则像美式橄榄球。这些球都是半透明的，似乎有着复杂的内部结构，慕德怎么也看不明白。

"我们在哪里？"慕德气喘吁吁地说，"地狱就是这样吗？"

"不，""妖怪"微笑道，"没有这么奇幻。我们只是近距离仔细观察了玻璃酒杯中液体表面的一小部分，正是这个东西让你的丈夫在听你父亲讲述'准各态历经假说'时保持清醒。所有这些球都是分子。较小的圆形分子是水分子，较大的、较长的是酒精分子。如果你仔细算出这两种分子的比例，你就能知道你丈夫给你倒的酒有多浓多烈。"

"很有意思！"慕德尽量表现出很严厉的样子，"但是，那边那些看起来像两只戏水鲸鱼的东西是什么呢？它们不会是原子鲸吧？"

"妖怪"向慕德指的地方看去，说："不，它们不可能是鲸鱼。事实上，它们是两个非常细的烧制大麦碎片，这种成分赋予威士忌独特的口味和颜色。每个碎片都是由数以百万计的复杂有机分子组成，所以相对来说又大又重。你看它们因为力的作用而四处弹跳——由热运动而活跃起来的水分子和酒精分子在撞击着它们。这些粒子小到足以受分子运动的影响，不过也可以大到通过精密的显微镜被观察到。科学家们也正是通过对这种粒子的研究才首次直接证明了热的动力学理论。"

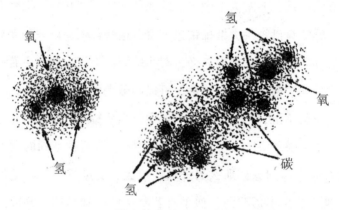

微小粒子的布朗运动

接着"妖怪"又带着她飘到一堵巨大的墙前，墙由无数的水分子组成，像砖块一样整齐紧密地排列在一起。"真是令人惊叹啊！"慕德叫道，"这正是我一直在寻找的一幅肖像画的背景。这座漂亮的建筑到底是什么？"

"哦，这是一块冰晶体的一部分，你丈夫的玻璃杯中许多小冰块中的一个，""妖怪"说道，"现在，如果你不介意，我是时候开始和这位自信的教授搞个恶作剧了。"

说到这，麦克斯韦妖让慕德像一个闷闷不乐的登山者一样趴在冰晶的边缘，接着他开始行动了。他手握着一个像网球拍一样的工具，用力拍打着周围的分子。他跑来跑去，总能及时地击中每一个往错误方向运行的顽固的分子。尽管慕德所处的位置很危险，但她还是忍不住钦佩麦克斯韦妖那惊人的速度和准确度。每当"妖怪"成功地将一个飞速运动的、难以击中的分子折回去时，慕德都兴奋得欢呼喝彩。比起她现在正在目睹的这场演出，她过去观看的那些网球冠军好像都是笨蛋。几分钟后，麦克斯韦妖的工作成果就非常明显了。现在，尽管液体表面依然覆盖着一些移动缓慢、安静的分子，但她脚下的那部分比以往任何时候都更加剧烈地翻腾着。蒸发过程中逃出表面的分子数量迅速增加。这些分子现在成群结队地逃走，撕开液体表面形成的巨大气泡。然后，一团蒸汽覆盖了慕德的整个视野，她只能偶尔在大量疯狂的分子当中看见嗖嗖作响的球拍和"妖怪"身上礼服的衣角。最后，慕德趴在身下的这块冰晶体的分子也逃走了，于是她掉进了蒸汽托着的厚厚的水汽云中……

水汽云散去后，慕德发现自己坐在进餐厅前坐的那把椅子上。

"天哪！熵！"她父亲困惑地盯着汤普金斯的玻璃酒杯大喊，"它在沸腾！"

玻璃杯里的液体充满了剧烈爆裂的气泡，一团薄薄的蒸汽正慢慢向天花板升起。然而，特别奇怪的是，杯中的液体只在冰块周围一个相对较小的区域沸腾。其他地方的液体还是凉的。

"想想看！"教授继续用充满敬畏、颤抖的声音说道："这就是我刚刚告诉你的熵定律中的统计波动，我们现在亲眼目睹了！这个机会真的太不容易了，这可能是自地球诞生以来的第一次！快速运动的分子都自发地、偶然地聚集在一部分水的表面，然后水开始自己沸腾了！"

"天哪！熵！它在沸腾！"

　　在未来的数十亿年里，我们可能仍然是唯一有机会观察到这一非同寻常现象的人。他看着杯中慢慢冷却的液体，不仅感叹道："我们真幸运啊！"此时的教授，仿佛呼吸中都充满了幸福。慕德笑了笑，什么也没说。她不想和父亲争辩，但这次她确信自己比父亲懂得更多。

第十章

快乐的电子部落

几天之后，当汤普金斯先生吃完晚饭，记起来他答应教授当天晚上去听关于原子结构的讲座。但是，他实在对岳父那些没完没了的演讲感到厌倦，所以他决定忽略这个讲座，在家里度过一个舒服的夜晚。然而，他坐下正准备好好看一本书的时候，慕德就堵住了他逃学的路，她看了看时钟，然后用温柔而又坚定的语气提醒他，该动身了。因此，半个小时以后，他又和一群求知若渴的学生们一起坐在大学演讲厅的硬木头板凳上了。

"女士们、先生们，"教授透过他那老花眼镜庄重地看着大家，开始了他的讲座，"在上次的讲座中，我答应给大家详细地介绍原子的内部结构，并且说明这种结构的特点是如何对原子的物理性质和化学性质起作用的。你们应该知道，原子已不再被看作物质最基本、无法分割的组成部分了，而这个角色现在由电子、质子之类的粒子来扮演了。

"把物质的基本组成粒子看作物体可分割性的最后一步的想法，可以追溯到公元前4世纪的古希腊哲学家德谟克里特。他在思考事物隐藏的本性时，遇到了物质结构的问题，他开始思考这个问题：物质是否可以分成无限小的组成部分？由于在那个年代，人们除了靠单纯的思考以外，一般不习惯用其他方法去解决问题，加上这个问题在当时也无法用实验方法去解决，于是德谟克里特就只好在他的思想深处去探究问题的答案。经过一番哲学思考，他最终得出了结论：物质可以被无限制地分为越来越小的组成部分是'不可思议的'，因此必须假定存在一种'无法分割的最小粒子'。他把这种粒子命名为'原子'，大家都知道，这个词在希腊语里的意思就是'无法分割的东西'。

"我无意贬低德谟克里特在推动自然科学进步的过程中做出的巨大贡献，但是我们也不能忘记，除了德谟克里特和他的追随者外，另外还有一个古希腊哲学学派，这个学派的信徒则坚称物质的分解过程可以一直进行下去。所以，无论将来精密科学会给出什么样的答案，古希腊哲学家在物理学史上的地位都是不可动摇的。在德谟克里特那个年代直到19世纪，有关物质这种一定存在一个无法再分的最小粒子的观点仅仅是一个纯粹的哲学假说。一直到了19世纪，科学家们才终于找到了2000多年前那位古希腊哲学家所预言的这种无法分割的物质基础。

"事实上，英国化学家道尔顿在1803年就已经提出了倍比定律……"

几乎从讲座一开始，汤普金斯先生就感到一种不可抗拒的、想闭上眼睛睡个全程的愿望，只不过木板凳那种学院式的坚硬性使他没能这么做。然而，一听到道尔顿提出的倍比定律，他再也不想坚持了，于是，安静的大厅很快就传来汤普金斯先生那轻快的鼾声。

当汤普金斯先生沉睡时，那条不舒服的硬板凳似乎化成了在空中飘浮的愉悦感。当他睁开眼睛的时候，他惊讶地发现自己正在以一种他认为十分莽撞的速度在空间横冲直撞。环顾四周，他发现不是他一个人在做这种荒诞的飞行。他旁边还有很多模糊的人形在围绕着人群中一个巨大的、看起来很重的物体旋转。这些奇怪的人形成对出行，穿过空间，沿着圆形或椭圆形的轨道快乐地追逐。汤普金斯先生突然感到非常孤独，因为他发觉他是这群人中唯一一个没有玩伴的人。

"我为什么不带慕德一起来呢？"汤普金斯先生沮丧地想，"我们本可以和这群愉快幸福的人共度美好时光。"他运动的轨道是在其他人的外面，而且尽管他很想加入这个派对，但好像有一股奇怪的力量不让他这么做。但是，当其中一个电子（现在汤普金斯先生才意识到他已经奇迹般地加入了一个原子的电子集团）沿着扁长的轨道，从他身边经过时，汤普金斯先生决定向它倾诉自己的处境。

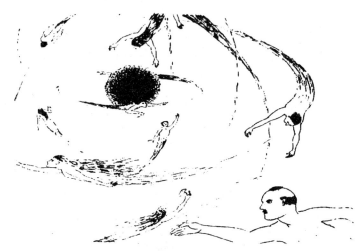

他们似乎在跳着维也纳华尔兹舞

"为什么我找不到一个同伴和我玩呢？"他从旁边喊道。

"因为这是一个孤独的原子，而你正好是一个价电子……"那个电子大声喊道，然后转身返回跳舞的人群中。

"价电子就得单独生活，不然就要到另一个原子中去寻找玩伴。"另一个从他身边经过的电子用很高的声音告诉他。

"如果你想拥有伙伴，就要跳到氯原子中去寻找。"另一个电子嘲弄地唱了两句小调。

"看得出来你初来乍到，我的孩子，你很孤独！"一个慈祥的声音在他头顶传来，汤普金斯先生抬起眼睛，看到一个穿着褐色束腰外衣的、矮胖的神父来到眼前。

"我是泡利神父，"神父继续说，他也进入汤普金斯先生的轨道，跟他一起运动，"我的使命就是密切关注原子中和其他地方的电子的道德和社会生活。我的职责就是让那些贪玩的电子能够正确地分布在我们伟大的设计师玻尔所建立的美丽的原子结构的各个量子房间中。为了维持这个秩序，我从来不允许两个以上的电子处在同一轨道上；你知道的，'三人行'总会惹来麻烦。因此，电子的组合方式总是两个'自旋'相反的电子结合在一起，如果一个房间已经有一对电子居住着，我就绝不允许别人闯进去。这是个很好的规定，而且我要补充一句，从来没有一个电子破坏过我的戒律。"

"这也许确实是一个很好的规定，"汤普金斯附和道，"可它目前对我来讲太不方便了。"

"我明白这一点，"神父笑着说，"这只是你运气比较差，偏偏当上了一个孤独原子中的价电子。你现在所属的钠原子靠它的原子核（也就是你看到的正中间那团黑色的东西）的电荷，在它身边保留了 11 个电子。但对你来讲是个不幸，11 正好是个奇数。当你考虑到在所有数目中，正好有一半是奇数，另一半是偶数，你就知道这种情况是正常的了。因此，既然你是后到的，你就要忍耐孤独，至少暂时是这样。"

我是泡利神父

"你是说,我以后还能得到别的机会吗?"汤普金斯先生急切地问道,"比如说,把一个老住户赶走?"

"这恰恰是你不应该做的,"神父说着,摇晃了一下他胖乎乎的手指,"不过,当然了,也有可能一些内圈的成员因为外来的干扰被甩出去,从而空出一个位置。但是,如果我是你,我不会抱什么希望。"

"他们跟我说,如果我搬到氯原子中去,情况会好一些,"汤普金斯先生说,听了泡利神父的话他有点泄气了,"你能告诉我该怎么做吗?"

"年轻人啊,年轻人!"神父悲哀地说道,"你为什么这么坚持要找个伴侣?你为什么不能享受独居的生活和上天赐予你的使灵魂安宁的良机？不过，如果你坚决要找个伴侣，我可以帮助你实现愿望。如果你朝我指的方向看去，你会看到一个氯原子正在靠近我们，尽管它离我们还很远，你可以看到有一个空位，你在那里肯定会大受欢迎的。那个空位在外面的那组电子里，即'M壳层'中。这个壳层应该是由8个电子组成的，它们结合成4对。但是，就像我们所见，现在有4个电子正在朝一个方向自旋，而朝另一个方向自旋的电子只有3个，还有一个位子是空着的。里面的两个壳层，即'K壳层'和'L壳层'，都已经完全被电子占满了。因此，那个原子一定很乐意你去，把它的外壳层也填满。当两个原子靠得很近时，你可以快速跳过去，价电子们一般都是这样做的。这样的话，你大概就会得到你想要的生活了，我的孩子！"说完这些话，这位电子神父的身影突然消失在稀薄的空气里。

受到鼓舞后，汤普金斯先生抓准时机、凝聚全力、纵身往氯原子的轨道上跳去。让他惊讶的是，他竟然很轻易地就跳了过去，并发现自己正处在氯原子M壳层成员那友爱的包围当中。

"你能加入我们这个集体，实在是太好了！"那个自旋方向和他相反的伴侣喊道，同时优美地沿着轨道滑翔着，"现在没有人会说我们这个集体是不完整的了，来吧，让我们一起享受欢乐吧！"

汤普金斯先生同意了，这确实是很快乐的事，而且是非常快乐的，但是，这时有一个小烦恼侵入他的大脑中，"当我再次看到慕德的时候，我要怎么解释这一切呢？"他感到有点愧疚，不过时间并不长，"她肯定不会在意的，"他想，"毕竟它们只是些电子啊。"

"你离开的那个原子，为什么到现在还不走？"他的伴侣不高兴地问道，"难道它还希望你再回去？"

事实上，那个失去价电子的钠原子，真的和氯原子黏得很紧，似乎希望汤普金斯先生回心转意，再跳回到它那孤独的轨道上去。

　　"你想得倒好！"汤普金斯先生对于那个之前那么冷淡地对待他的原子皱着眉头，生气地说，"你又要马儿跑，又想马儿不吃草，怎么可能！"

　　"噢，它们一直是这样的，"M壳层一个有经验的成员说，"我清楚，钠原子的电子集团并不像钠原子核本身那么希望你回去。在中央的原子核与它周围的电子集团之间，意见总是不一致的：原子核希望它的电荷拉住尽可能多的电子，然而电子本身却只希望它们的数目够把壳层填满就行了。只有几种原子，即稀有气体或德国化学家所说的惰性气体，它们那个起主导作用的原子核和从属于它的电子之间，愿望才完全一致。例如，氦、氖、氩这类原子都完全自给自足，它们既不撵走它们的成员，也不邀请新的成员进来。它们在化学上是不活跃的。但是，其他一切原子中的电子集团总会准备着改变成员的数目。在钠原子中，也就是在你先前的那个家，原子核靠它的电荷所持有的电子数，比使壳层达到和谐所需要的电子多一个。而另一方面，在我们这个原子中，正常电子数却不能使壳层完全达到和谐状态，因此，我们欢迎你来，尽管你的存在会使我们的原子核负担过重。可只要你留在这里，我们这个原子就不再是中性的，它有一个多余的电荷。当然，这样一来，你离开的那个钠原子就会因为静电引力的作用而停靠在我们的旁边。我曾经听到我们那位伟大的教士泡利神父说，这种接纳了外来电子或失去了电子的原子集体，被称为'负离子'或'正离子'。他还经常用'分子'这个词来称呼两个或更多个靠电子结合在一起的原子所形成的组合。无论如何，他好像把钠原子和氯原子这种特定的组合叫作'食盐'分子。"

　　"你是想说你不知道食盐是什么东西吗？"汤普金斯先生问，他已经忘记在和谁说话了，"那就是你吃早餐的时候撒在炒鸡蛋上面的东西呢。"

　　"那'早餐'和'炒鸡蛋'又是什么呢？"那个被引起兴趣的电子追问道。汤普金斯先生一开始还有点生气，后来突然认识到，试图给他的伙伴们解释哪怕是人类生活中最简单的事情，也是徒劳无功的。"这就是为什么我从它们关于价电子和满壳层的谈话中听懂更多东西的原因。"他自言自语，决定好好领略一下这个奇异世界的乐趣，不再因为不能理解它而心生烦恼。不过要摆脱那个健谈的电子可不是件容易的事，他显然非常渴望把他在长期电子世界生活中所积累的知识统统传授出去。

　　"你可别以为，"他继续说，"原子结合成分子永远是只同一价电子发生关系。有些原子，如氧，需要增加两个电子才能把它的壳层填满，还有些原子甚至需要增加三个或更多的电子。另外，在某些原子中，原子核有两个或更多个电子，也就是价电子。当这两种原子碰到一起，就会有大量电子从一个原子跳到另一个原子中，并且结合起来，正因如此，就会形成很复杂的分子，这些分子通常由几千个原子组成。还有一种'无极性分子'，这是由两个完全相同的原子组成的分子，不过，这会造成一种很不愉快的局面。"

　　"不愉快？为什么呢？"汤普金斯先生问，他又提起了兴趣。

　　"为了使这两个原子维持在一起，"那个电子解释道，"需要做太多的事。不久前，我有一次碰巧承担了这项任务，我待在那里的所有时间，我连片刻的空闲都没有。为什么呢？那里根本不像我们这儿，只要价电子开开心心地搬个家，造成原先那个原子在电荷方面的短缺，使得那个被抛弃的原子停在自己旁边就完事。不，先生，在那里不是这样的。为了使两个完全相同的原子结合在一起，价电子必须一直跳来跳去，刚从一个原子跳到另一个原子上，就得马上又跳回来。天哪，你会觉得自己就像个乒乓球。"

听完它的话，汤普金斯先生感到非常惊讶：这个电子不知道炒鸡蛋是什么，可是谈到乒乓球却这么顺畅。不过汤普金斯先生决定先放下这件事。

"我永远不想再承担这种工作了！"这个懒惰的电子嘟囔着，它因为这次不愉快的回忆而心绪不快，"在这里，我感到很舒适。"

"等一等！"他突然喊了起来，"我想我已经看到一个更好的地方了，我该去那里了，再见！"说完，他纵身一跳，朝着原子的内部猛冲过去。

朝他的交谈者前进的方向看过去，汤普金斯先生明白了发生的事情。好像有一个外来的高速电子出乎意料地闯入内部的电子体系，把一个内圈电子撞出了原子，于是，"K壳层"现在空出了一个舒适的位置。汤普金斯先生一边懊悔自己错过了这个进入内圈的机会，一边饶有兴趣地注视着刚刚和他谈话的那个电子的行踪。那个走运的电子越来越深地奔向原子的内部，而且有一道明亮的光伴随着他这次成功的飞行。一直到他最终抵达内部轨道的时候，这道刺得眼睛几乎睁不开的光才终于熄灭。

"那是什么？"汤普金斯先生问，他的眼睛因为目不转睛地观看这个景象而隐隐作痛，"为什么会变得这么明亮？"

"哦，这不过是因为这种跃迁而发射出的X射线罢了，"他那个同轨道的伴侣一面解释道，一面嘲笑他的窘态，"我们当中只要有一个人能够成功地深入原子的内部，多余的能量就会以辐射的形式发射出来。这个幸运的朋友跳得很远，所以也释放出了巨大的能量。通常我们只满足于比较近的跳跃，也就是跳到原子的近郊区，这时我们所发出的射线叫作'可见光'——泡利神父是这样称呼它的。"

"可是，这种X射线，或者无论你怎么叫它，也是可以看见的啊，"

汤普金斯先生争辩道，"我应该说，你们的用词很容易给人误导。"

"不过，这是因为我们是电子，所以我们对任何一种射线都很敏感。泡利神父和我们说过，世界上存在一种巨大的生物，他管他们叫作'人类'。他说，这种人类所能看到的光，能量间隔非常窄，或者他也把这种间隔叫作波长范围。有一次，他还跟我们说，有一个了不起的人，我记得他的名字叫伦琴，这个人发现了 X 射线，现在，他们主要把它用在一种叫作'医学'的领域。"

"是的，是的，关于这个我倒是知道不少。"汤普金斯先生说，他为现在能够露一手而感到骄傲，"你想让我给你讲讲吗？"

"谢谢你，不用啦。"那个电子打着哈欠说道，"我对它实在不感兴趣，难道你不说话就不开心吗？来，你来追我，试试看能不能追上我！"

接下来很长一段时间，汤普金斯先生一直享受着和其他电子一起用一种极其傲娇的荡秋千的动作在飞行空间疾驰而过的快感。后来，他突然觉得自己的头发一根根竖起来，记得以前他有一次在山上碰到雷雨时，也有过类似的体验。显然，有一股强烈的电子干扰正在逼近它们的原子，它打破了电子运动的和谐，并且迫使电子们离开它们的正常轨道。在物理学家看来，这只不过是一个紫外光波正在经过这个特定的原子所处的地点；但对于微小的电子来说，这简直是一场可怕的电子风暴。

"紧紧抓住！"他的一个伙伴大声喊道，"不然你会被光效应的作用力甩出去的！"但现在太晚了，汤普金斯先生已经被掠走，从他的同伴身边，以可怕的速度被扔进了空间，整个过程就像两个强有力的手指把他捏住。他喘不过气，在空间中越飞越远，一路匆匆路过各种各样的原子。他经过这些原子时的速度那么快，以至他分辨不出来那些电子。突然，一个巨大的原子出现在他的正前方，他明白，一场碰撞是在所难免了。

"对不起，但是我碰上了光电效应，我无法……"汤普金斯先生开始很有礼貌地说道，但后半句话完全被一声刺耳的爆裂声淹没了，因为他此时面对面地撞上了一个外层电子。他们俩都脑袋朝下地摔入空间中。不过，汤普金斯先生已经在碰撞中失去了他大部分的速度，所以他现在能够比较仔细地研究他的新环境了。那些在他周围屹立着的原子比他之前看到的任何一个原子都要大得多，他可以数出它们每一个原子都各拥有 29 个电子。如果他的物理学知识再丰富一点，就会认出它们是铜原子，可是，在这么近的距离上，这群原子作为一个整体看上去一点也不像铜。此外，它们相当紧密地排在一起，形成了一种有规则的图案，并且一直延伸到了他眼睛看不见的地方。但是，最令汤普金斯先生感到惊讶的是，这些原子似乎并不太注意保持它们的电子数额，尤其是它们的外层电子。实际上，它们的外层轨道大部分是空的，却有一群自由自在的电子在空间里暖洋洋地四处游荡，时不时地在这个原子或那个原子的外围停留一会，但停留的时间总是不会长久。汤普金斯先生经过这次在空间中要命的飞行，已经疲惫不堪，因此，他首先想在铜原子中找一个稳固的轨道好好休息一下。然而，他很快就受到那群电子普遍的懒散情绪的感染，并参与到其他电子漫无目的的运动中。

"这里的事情组织得不是很好啊，"他自言自语，"不爱工作的电子实在太多了，我想，泡利神父应该想办法好好管管。"

"为什么我该管一管？"神父那熟悉的声音响了起来，他突然从什么地方现身了。"这些电子并没有违背我的戒律，不仅如此，它们现在其实正在做一件非常有用的工作。你可能还不知道，如果所有原子都像某些原子那样，十分热衷于保持它们的电子，就不会有导体这类东西了。那样一来，连你家里的电铃也响不了，更不要说电灯和电话了。"

"啊，你是说，这些电子负载着电流吗？"汤普金斯先生问道，他抓住一线机会，希望谈话能转到他比较熟悉一点的话题上去，"可是，我看不到它们在向任何特定的方向运动啊。"

"首先，我的孩子，"神父严肃地说，"你不该用'它们'这个词，而应该说'我们'。你好像忘记了你自己也是一个电子，也忘记了当有人按那个与这根铜线接在一起的开关时，电的压力就使你和其他导电电子一起赶去呼喊女仆或做其他事了。"

"但是我并不想这么做啊，"汤普金斯先生固执地说道，声音里夹杂着烦躁的语气，"实际上，我已经不耐烦再当电子了，我不觉得这有多少乐趣。多糟糕的生活啊，永远要承担这么多电子的责任！"

"倒不一定是永远，"泡利神父反对道，他肯定并不喜欢站在那些平凡电子的立场上辩护，"总是会有机会发生湮没，从而你将会不存在。"

"湮……湮没？"汤普金斯先生重复了一遍，感到脊梁骨一阵寒气袭来，"但是我总认为电子是永存不灭的。"

"这是物理学家们直到不久之前还一直相信的事"，泡利神父赞同地说，他被他的话所产生的效果逗笑了，"但是，这也并不完全正确。电子也像人一样，也会有生有死。当然，这里没有生病衰老那样的事；电子的死亡只有通过碰撞才能实现。"

"不过，我在不久之前才碰撞过呢，而且还是相当严重的，"汤普金斯先生恢复了点信心，说道，"要是那次碰撞都没有把我毁掉，那我就想象不出有什么样的碰撞能够毁灭我了。"

"问题不在于你碰撞的力量有多大，"泡利神父纠正道，"而在于碰撞的对方是谁。在你最近的那次碰撞中，你大概是撞上了另一个和你一模一样的负电子，在这样的冲突中你是没有危险的。实际上，你们可以像一对公羊那样互相顶触而不造成任何伤害。可是，还有另一种电子——正电子，它在不久以前才被物理学家发现。这些正电子或者叫阳电子，它们的行径和你一样，唯一的差别在于它们的电荷是正的，而不是负的。当你看到一个这样的伙伴向你靠近，你可能会认为它只不过是你这个部落中的一个无害的成员，并且上前打招呼。可是，这时你会突然发现，它不像任何正常的电子那样，轻轻把你推开以避免碰撞，而是卯足劲地把你拉过去。于是，不管你想做什么都来不及了。"

"为什么？"汤普金斯先生问道，"那时会发生什么事呢？"

"多么可怕啊！"汤普金斯先生喊道，"一个正电子能吃掉多少个可怜的普通电子呢？"

"幸而一个正电子只能吃掉一个普通电子，因为在毁掉一个电子的时候，那个正电子自己也毁灭了。人们称正电子为自杀俱乐部的成员，在寻找互相湮没的对手。它们自己并不互相伤害，可是，一旦有一个负电子碰上了它们，这个负电子就没有多少幸存的希望了。"

"我侥幸还没有碰到过这样的怪物，"汤普金斯先生说，他对这些描述印象深刻，"我希望它们的数量并不太多。它们的数量多吗？"

"不，并不多，原因很简单：它们总是在找麻烦。因此，它们生下来之后很快就消失了。你稍微等一等，我也许能够指出一个正电子给你看看。"

"好了，这里就有一个，"泡利神父在短暂的沉默以后继续说着，"如果你仔细地观察那边的重原子核，你就会看到一个正电子正在诞生。"

神父所指的那个原子，显然由于某种从外界射过来的强大辐射而受到强烈的电磁干扰。这是比那种把汤普金斯先生扔出氯原子的射线厉害得多的干扰，因此，围绕着那个原子核的电子家族正在被驱逐，像台风中的落叶那样被吹向四面八方。

"你好好注意那个原子核。"泡利神父说道。于是,汤普金斯先生聚精会神地看着,他看到一种最不寻常的现象正在那个被破坏了的原子的深处发生。两个模糊的阴影正在内部电子壳层的里面很靠近原子核的地方逐渐成形,一秒钟以后,汤普金斯先生就看到两个全新的、闪闪发光的电子以极快的速度从它们的出生地飞出。

"可是,我看到的是两个啊。"汤普金斯先生说道,他被这种景象迷住了。

"这是对的,"泡利神父说,"电子总是成对诞生的,不然就会违反电荷守恒定律了。原子核在伽马射线作用下所产生的两个粒子,有一个是普通的负电子,另一个是正电子,也就是凶手。它现在就要去寻找受害者了。"

"好吧,既然每生下一个注定要毁掉一个负电子的正电子,就同时也生下另一个普通电子,那事情也就不是那么糟,"汤普金斯先生禁不住评论道,"至少,不会导致电子部落的灭绝,我……"

"当心!"神父打断了他的话,从旁边猛推了他一下,这时那个新生的正电子正从旁边呼啸而过,"当这些凶手粒子在附近时,你要特别小心。但是我想我已经花了太多的时间和你聊天了,我还有其他事情要做。我必须照看我的宠物'中微子'……"

汤普金斯先生还没有来得及问"中微子"是什么,并且是不是也应该提防它,神父就消失了。所以,在被抛弃以后,汤普金斯先生感到比之前更孤独了,每当一个或其他同伴的电子在他穿过空间时靠近他,他都会怀疑在每个无辜的外表下,都可能隐藏着一个凶手的心。很长一段时间内,他的恐惧和希望似乎都没有实现,所以他只能极不情愿地承担导出电子的职责。

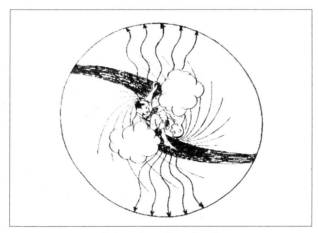

"放开我，放开我！"

在汤普金斯先生最不抱希望的时候，事情突然就发生了。感受到强烈地与别人交谈的需求，甚至是和一个傻乎乎的导电电子交谈也行，他试探着靠近了一个缓慢移动的粒子，这个粒子看上去是这条铜线上的新来者。然而，即使还有一段距离，他也意识到自己已经做了一个错误的选择，有一股难以抵抗的吸引力正在拉拽着他，不允许他撤退。他尝试着挣扎脱身，但是他们之间的距离迅速地变得越来越小，他分明看到了他的捕获者脸上露出的邪恶的笑容。

"放开我！放开我！"汤普金斯先生竭力地喊着，他的手臂挣扎着并用双腿乱踢，"我不想被毁灭，我愿意永远导电！"但这一切都是徒劳，周围的环境突然被令人炫目的强烈灯光照亮了。

"好吧，我完蛋了，"汤普金斯先生想，"但是我为什么还能思考？我的身体被湮灭，但我的灵魂难道去了量子天堂？"接着他感受到了一种新的作用力，一双手在柔和、坚定地摇着他，他睁开双眼，认出了是这个大学的看门人。

"很抱歉，先生，"他说，"讲座已经结束好一阵子了，我们现在要关闭大厅了。"汤普金斯先生忍住了哈欠，看上去很难为情。

"晚安，先生。"看门人带着同情的微笑说道。

第十一章

上一场演讲中汤普金斯先生因睡着而错过的部分

　　事实上，早在 1803 年，英国化学家道尔顿就已经指出，形成更复杂的化合物所需要的各种化学元素的相对比例总是可以用整数之比来表示。他在解释这个经验定律时认为，所有化合物实体都是由不同数量的、代表简单化学元素的粒子组成。中世纪的炼金术不能把一种化学元素转变成另一种化学元素，很明显地证明了这些粒子的无法分割性。于是人们就用古老的希腊名字"原子"给它们命名。这个名字一旦给出，就确定下来并沿用至今。尽管现在我们知道，这些"道尔顿的原子"并不是不可分割的，它们实际上是由大量的更小的粒子组成，但是我们对它们名字中在语义上的不一致性睁一只眼闭一只眼，并不打算重新命名。所以，被现代物理学家称为"原子"的这个实体，根本不是德谟克利特想象出来的那种基本的、无法分割的物质单元。"原子"这个词用于那些组成"道尔顿的原子"的更小一点的粒子，如电子和质子，可能会更准确得多。但是名字这样改可能会混乱，再说物理学中没有人会那么关心语义上的一致性！所以，我们沿用了道尔顿意思上的"原子"这一古老的名字，然后将电子、质子等称为"基本粒子"。

　　基本粒子这个名字表明，现在我们相信这些更小的粒子确实就是道尔顿概念里的那种基本的、无法分割的粒子，你可能会问我，历史会不会重演？随着科学研究的进展，现代物理学中基本粒子会不会被证明其实也是复合体。我认为，尽管没有绝对的把握说这不会发生，但我们还是有充分的理由相信，这一次我们是完全正确的。事实上，有92种不同的原子（对应92个不同的化学元素），每一种原子都具有非常复杂的特性。这种情况就需要人们沿着将这种复杂的图像归纳成更基础的图像的方向做一些简化。另外，现在的物理学承认了只有少数不同种类的基本粒子：电子（带正电和负电的轻质粒子）、核子（带电或者不带电的重质粒子，也可以称为质子和中子）以及性质尚未完全明确的中微子。

这些基本粒子的性质非常简单，进一步归纳也不能再简化了。再说，我相信你也会理解，如果你想要构建一个复杂的物质，就需要应用几个基本概念，而通常两三个基本概念不算太多。所以，在我看来，你完全可以相信，现代物理学的基本粒子必将名副其实。

现在，我们可以回到道尔顿的原子是如何由基本粒子构成的问题上了。这个问题第一个正确的答案是由著名的英国物理学家卢瑟福在1911年提出的。他通过放射性元素衰变过程中产生的微型子弹（α粒子）轰击不同的原子，来研究原子的结构。通过观察这些微型子弹在经过一块物质后所发生的偏转（散射），然后得出结论，认为所有原子都一定有一个非常密实的带正电的核心（即原子核），在它周围是一团相当稀疏的负电荷云（原子大气）。现在我们知道，原子核是由一定数量的质子和中子（统称为"核子"）构成的，有一种很强的内聚力将它们紧紧地聚合在一起。而原子大气是由不同数量的负电子构成的，它们在原子核正电荷静电引力的作用下在原子核周围环绕。这些形成原子大气的电子数量决定了特定原子的所有物理及化学性质，对应了化学元素从1（氢）一直到92（已知的最重的元素铀）的自然排序。

　　尽管卢瑟福的原子模型看起来很简单，但是想要详细了解它绝非易事。事实上，按照古典物理学的一个最可靠的信念，围绕原子核旋转的带负电荷的电子必定会在辐射过程（发射光线）中失去它的动能，而且已经计算出，由于这种恒定的能量损失，所有形成原子大气的电子在可以忽略不计的几分之一秒中就会坍缩到原子核上。但是古典理论的这种看似合理的结论与经验事实形成矛盾。这一事实让丹麦著名的物理学家玻尔意识到，古典力学，这个几个世纪以来在自然科学体系中具有特权和权威地位的一个理论，从现在起，应该只能被看作一个有局限的理论，它适用于我们日常经验的宏观世界，却完全不适用于研究各种原子中发生的更精细的运动。为了使这种新的、广泛应用的力学实验基础能够适用原子机制中微小粒子的运动，玻尔提议要建立一门新的更普遍的力学，在古典理论所考虑的所有运动种类中，只有少数特定选取的类型才可能在自然界中实现。这些被许可的运动类型，或者说是轨迹，是可以根据一定的数学条件（即玻尔理论中的量子条件）挑选出来的。

　　在这里，我不打算细致地探讨这些量子条件，不过我想要提醒一下大家，科学家们选择了这种方法，他们所提出的限制条件，对于运动粒子的质量远大于我们在原子结构中所遇到的质量这样的情况没有实际意义。因此，这种新的微观力学在运用到宏观物体上时所得到的结果，就和旧的古典理论运用到微观原子上的结果并无二致。只有在微小的原子机制中，两套理论的分歧才具有重要价值。在不深入讨论细节的情况下，我将从玻尔理论的视角来满足你们对原子结构的好奇心。我将向你们展示原子中的玻尔量子轨道的示意图。（请看第一张图）你们在这里看到的是圆形和椭圆形的轨道系统，它们当然是放大无数倍后的尺寸，这些轨道代表着在玻尔量子条件下构成原子大气的电子"被许可"的运动类型。古典力学允许电子在距离原子核任何距离的位置移动，并且对于其运动轨道的离心率却没有给任何限制。而玻尔理论选定的轨道是离散的，它们的特征维度都有严格的定义。在每个轨道旁边的数字和字母都代表这个轨道在一般分类法中的名字，例如，你们可能会注意到，数字越大，对应的轨道直径就越大。

尽管玻尔的原子结构理论在解释原子和分子的各种性质时富有成效，但是这些离散的量子轨道的基本概念依旧是相当模糊的，我们越想要深入分析古典理论中这种超乎寻常的限制，整个图像就会越不清晰。

因此，我们得到了原始的玻尔－索末菲方案，用于氢原子电子中被许可的量子轨道。

最后，人们终于弄清楚，玻尔理论的不足之处在于，它不是用某些根本方法来改造古典力学，而是通过给古典力学添加一些与古典力学本身原则上就不相容的条件来限制这个体系。13年以后，整个问题的正确解决方案才出现，这就是"波动力学"。这个理论参照了新的量子原理，并对古典力学的整体基础进行了修改。尽管这个波动力学的体系第一眼看来似乎比玻尔的旧理论还要奇怪，但是这个新的微观力学代表了今天理论物理学中最合逻辑、接受面最广的部分。

　　由于新力学的基本原则，尤其是"测不准性"和"弥散轨道"，这些概念在我之前的讲座中已经讨论过了，你们可以回忆一下或者翻翻笔记，接下来我们就要回到原子结构的问题了。在我现在放的这幅图上，你们会看到波动力学理论是如何从"弥散轨道"的观点出发，将原子中电子的运动可视化的。这张图片所显示的运动类型与上一幅图用古典理论的方法表示出的运动类型正好是同一种（除了技术原因外，现在每一种运动状态都是单独画出来的），但是我们现在看到的并不是玻尔理论中那种轮廓清楚的轨迹，而是与基础的测不准原则相一致的模糊的样式。不同运动状态旁边的记号与上一幅图中的记号相同，但是将这两幅图比较一下，如果你能稍微发挥一下你的想象力，就会注意到，这些云状的图案很好地复制了旧的玻尔轨道的基本特点。

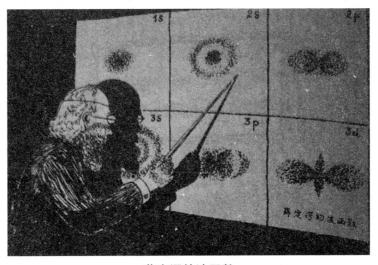

薛定谔的波函数

这些图也十分清楚地向大家展示了，在量子作用的情况下，古典力学中那些旧式轨迹会发生什么样的变化，尽管外行会认为这些图不过是奇幻的梦，但研究原子微宇宙的科学家们毫无困难地接受了它们。

在简短地讨论了原子中的电子大气可能的运动状态后，我们现在碰到了一个关于原子中的电子在各种可能的运动状态下如何分布的问题。这里，我们要再一次了解一个新的原理，它在宏观世界中非常不常见。这个原理是由我的朋友泡利首次提出的，那就是，在一个既定的原子的电子集团中，任何两个粒子都不会同时具有相同的运动状态。如果在古典力学中，这个限制没有多大意义，因为在古典力学中会有无限种可能的运动状态。但是由于在量子规律中，"被许可"的运动状态已经大幅减少，所以泡利原理在原子世界中就起到了非常重要的作用；它保证了电子在原子核周围均匀分布，而不会让它们在某个特定的点上聚集起来。

不过，你们不要从上面的这个新原理的公式中得出结论：我这个图上所展示的每一个散射的量子运动状态只可能被一个电子"占据"。事实上，每一个电子除了沿着它自己的轨道运动外，它也会绕着自己的轴自转，如果两个电子自转方向不同，那么它们沿着同一个轨道运动，就根本不会让泡利博士为难了！目前对电子自转的研究结果表明，电子自转的速度永远是相同的，而且电子轴的方向永远与轨道平面垂直。这样就只有两种不同的自转的可能性了，我们可以用"顺时针方向"和"逆时针方向"来描述。

所以，将泡利原则应用在原子中的量子态时，可以用以下的形式重新表述：每一个量子运动状态最多可以被两个电子"占据"，并且这两个电子的自转方向必须相反。因此，当我们沿着元素的天然次序向电子数越来越大的原子推进时，我们会发现，不同的量子运动状态的电子是逐渐填充的，而且原子的直径也在不断地增长。在这里还必须指出，从电子结合强度的角度来看，不同量子状态下的原子、电子可以被归结成几个分立的组（或者电子壳层）。当我们沿着元素的自然排序推进时，总是一组填满之后再填另一组。这样按顺序填充电子壳层的结果就是，每个原子的性质发生了周期性的变化。这就解释了俄国化学家门捷列夫如何靠经验发现了举世闻名的元素周期性。

第十二章

原子核内部

汤普金斯先生参加的下一个讲座，是专门介绍原子核内部结构的，它是原子中电子革命的轴心点。

女士们、先生们：

我们越来越深入地研究物质的结构，现在我们要尝试着用自己智慧的双眼穿透原子核，看一看其内部结构了。这一个神秘的区域虽然只占原子本身总体积的几亿分之一（尽管我们这个新的研究领域的维度小得令人难以置信），然而我们发现它充满了剧烈的活动。事实上，原子核毕竟是原子的核心，尽管它的体积非常小，但其质量占了总原子质量的99.97%。

当我们从原子那密度稀薄的电子云穿进去，进入原子核区域时，我们立马会惊讶地发现，其中的粒子呈现异常拥挤的状态。一般来说，在原子大气中电子运动的平均距离是它本身直径的几十万倍，而居住在原子核内部的粒子却只能"摩肩接踵"地紧紧地挤在一起。从这个意义上来说，原子核内部所呈现的景象与一般的液体很相似，只不过我们现在所碰到的不是分子，而是比它小得多而且数量上多很多的粒子。这些基础粒子就是质子和中子。我们应该注意到，尽管质子和中子名称不同，现在人们却把它们看成同一种基本粒子（即"核子"）的两种不同的带电状态。质子是带正电的核子，中子是电中性的核子，并且尽管带负电的核子尚未被发现，但是也可能存在。至于它们的几何尺寸，核子和电子没有显著的差异，直径大概是 0.000 000 000 000 1 厘米，但核子比电子重得多，把一个质子或者中子放在天平的一端称重，另一端要放上 1840 个电子，天平才能平稳。正如前面所说，组成原子核的粒子都紧紧地挤在一起，这是因为某种特殊的原子核内聚力的作用。这种力与作用于液体分子间的力类似，可以避免粒子完全分离，但又不阻碍它们彼此之间发生相对位移。所以，原子核具有一定程度上的流动性质，在不受其他外力的干扰时，它们就像普通水滴一样呈现的是球形。在我接下来给你们画的一张示意图上，你们将会看到由质子和中子构成的几种不同种类的原子核。最简单的是氢原子核，只含有一个质子，最复杂的是铀原子核，由 92 个质子和 146 个中子构成。当然，你们应该把这些图看成真实情况的高度概略的示意图，因为根据量子理论基本的测不准性原则，每个核子的位置在整个原子核区域内都是"散开"的。

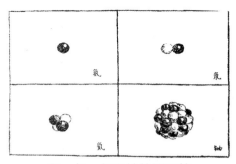

氢、氘、氦和铀的原子核

正如我说过的，构成原子核的各个粒子是因为很强的内聚力维持在一起的，但是除了这些吸引力，还有其他一些作用力方向相反的力。事实上，大约占原子核内部粒子总量一半的质子是带正电的。根据库仑静电力的作用，它们之间自然是相互排斥的。对于较轻的原子核来说，由于它们的电荷量比较小，所以库仑斥力没有什么影响，但是对于较重的、电荷很多的原子核来说，库仑斥力就会开始与内聚力进行抗衡。一旦这种竞争发生，原子核就不再稳定了，很容易就会把一些组成部分驱逐出去。这就是许多处在周期表末尾的元素会发生的情况，这些元素被称为"放射性元素"。

由以上的讲解你们可能会得出结论，这些不稳定的重原子核会放射出质子，因为中子不带电，所以不受库仑斥力的作用。

然而，实验证明，实际上被发射出的粒子是 α 粒子（氢原子核），即由两个质子和两个中子构成的一个复合粒子。这一事实可以用原子核内部各部分特殊的结合方式来解释。显然，由两个质子和两个中子构成的这种组合形式非常稳定，因此，把整个粒子组一次性扔出去要比把它分裂成质子和中子扔出去简单得多。

你们可能已经知道，放射性衰变现象是由法国物理学家贝克勒尔首次提出的，而把它解释为原子核自发嬗变结果的是著名的英国物理学家卢瑟福。卢瑟福，这个人的名字在之前的讨论中我已经提到过了，他在原子核物理学中有很多重大的发现，对科学做出了卓越的贡献。

关于 α 衰变过程的最独特的一点就是，α 粒子要从原子核"逃逸"，往往需要极长的一段时间。对于铀和钍来说，这个过程大概是几十亿年；对于镭，大约需要 16 个世纪。尽管有的元素只需要几分之一秒就可以发生衰变，但它们的整个寿命与原子核内部运动的速度比起来还是相当长的。

那么，是什么力量使 α 粒子有时能在原子核内部待上数十亿年呢？而且如果它已经待得这么久了，为什么最后还是要出去呢？为了回答这个问题，我们必须先要了解一下内聚引力与作用在粒子上使它们脱离原子核的静电斥力的相对强度。卢瑟福曾利用"原子轰炸"的方法，对这两种力进行了仔细的研究。卢瑟福通过"原子轰击"的方法在卡文迪许实验室做了个著名的实验，他发射了一束从某种放射性物质发出的快速运动的 α 粒子，然后观察这些"原子炮弹"在与它们所轰击的物质的原子核发生碰撞时所产生的偏离（散射）。这些实验证实了一个事实，当这些炮弹离原子核较远时，它们受到了核电荷的静电斥力的强烈排斥，但当原子炮弹越来越靠近原子核区域外界非常近的地方，这种排斥力就会变成强烈的吸引力。可以说，这些原子核有点类似于一个四周围着高耸而又陡峭的围墙的堡垒，既能防止粒子从外部进入，同样又阻碍了粒子的逸出。但是卢瑟福的实验最引人关注的结果是，不论是在原子核衰变过程中逸出的 α 粒子，还是从原子核外部射进去的"原子炮弹"，它们实际上拥有的能量都太小了，根本不能穿越围墙，即我们所说的"势垒"。这个事实与古典力学所有基本概念是相矛盾的。确实，如果你扔一个球所用的能量远小于让它到达山顶的能量，那你又怎么能期盼着它翻过山顶呢？古典物理学只能把双眼睁得很大，认定卢瑟福的实验一定存在某种错误。

但实际上并没有错误，如果非要说谁有错误的话，那么犯错的也绝不是卢瑟福，而是古典力学本身。我的好朋友伽莫夫博士、格尼博士和康登同时阐明了这一情况。他们指出，任何人只要从现代量子理论视角出发来看这个问题都不会有什么困难。实际上，我们知道今天的量子物理学不认可古典理论中清晰的线性轨迹，而主要用幽灵般的、漫射的轨道来取代它们。并且，就像传说中古老城堡里的幽灵能够轻易地穿透厚厚的石砖墙一样，这些幽灵般的轨迹也可以穿过那些从古典的视角看来根本无法穿透的势垒。

请不要以为我在开玩笑。能量不够大的粒子穿透势垒的可能性，是新量子力学的基本方程直接给出的数学结果，它代表了新旧运动概念间的一个最重要的差异。但是，尽管新的力学允许这类不寻常的效应发生，却给出了非常严格的条件限制。在大多数情况下，穿过势垒的机会极其微小，困在里面的粒子要往势垒上撞无数次，也许这次数让你难以置信，最后才能成功逃出。量子理论为我们提供了计算粒子逃出概率的精确公式，而且事实已经证明，我们观察到的 α 衰变周期与这个理论的预期完全一致。同样，在从外部射入原子核的炮弹的例子中，量子力学的计算结果也同实验非常一致。

在进一步深入讲解之前，我给大家展示一些照片，它们展示了被高能"原子炮弹"击中的不同原子核的衰变过程（见图）。在这张图中，你可以看到云室中（我在之前的讲座中给你们描述过的）拍的两种不同的衰变过程。上边的这张图显示了一个氮的原子核被 α 粒子击中的照片，是拍摄到的第一张人为地转变元素的照片，是由卢瑟福的学生布莱克特拍摄到的。从现在展示的这张图中，你可以看到大量从一个强有力的 α 射线源发射出来的 α 轨迹。其中，大部分 α 粒子没有发生严重的碰撞就经过了我们的视野，但是，其中有一个粒子正好成功地击中了氮原子核。这个 α 粒子的轨迹就停在了这里，然后你看到从碰撞点开始出现了两条轨迹。这根细长的轨迹是从氮原子核中击出的一个质子留下的，而那根短且粗的轨迹代表的是原子核本身的反冲。但是，这个原子核已经不再是氮原子核了，因为它已经失去了一个质子，又吸收了入射的 α 粒子，所以它已经转变为氧原子核了。所以，我们现在也可以用"炼金术"把氮转变成氧，以及一个副产品氢。

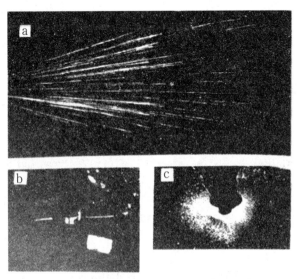

（a）被氦撞击的氮变成了重氧和重氢
$$_7N^{14} + _2He^4 \rightarrow _8O^{17} + _1H^1$$
（b）被氢撞击的锂会变成两个氦
$$_3Li^7 + _1H^1 \rightarrow 2_2He^4$$
（c）被氢撞击的硼变成三个氦
$$_5B^{11} + _1H^1 \rightarrow 3_2He^4$$

第二张照片展示的是一个被人为加速的质子撞击所带来的原子核的衰变。从一个特殊的高强度机器（即大众所知的"核粒子加速器"）发射出来的一束快速移动的质子，穿过一根长长的管道进入观察室中。

这束质子射击的目标是一张很薄的硼片，它被放置在管道开口的下端，这样撞击中产生的原子核碎片必定会在观察室中穿过空气，产生云状轨迹。正如你在图中所看到的，硼原子核被一个质子撞击了，碎成了三部分，考虑电荷的平衡，我们可以得出结论，每一个原子核碎片都是一个 α 粒子，即氦原子核。这两张照片中所展示的两个核转变，是今天的实验物理学研究的上百个核转变中相当典型的案例。在所有这类被称为"置换核反应"的转化中，都有一个入射粒子（质子、中子或者 α 粒子）进入原子核中，击走了一个粒子，取代了它的位置。我们可以用 α 粒子置换质子，用质子置换 α 粒子，用中子置换质子，等等。在所有这些转化中，反应过程中形成的新元素都是周期表上被轰击的元素的近邻。

直到最近，也就是在"二战"前，德国化学家哈恩和斯特拉斯曼发现了一种全新类型的原子核转化。在这个转化中，一个重原子核分裂成了两个相同的部分，释放出极大的能量。请看图，你可以看到两个铀原子核的碎片从一张很薄的铀箔向彼此相反的方向飞去。这种被称为"核裂变反应"的现象首先是在用一束中子来轰击铀原子核的实验中被发现的。但不久人们就发现，靠近周期表末尾的其他元素也具有相似的性质。这些重原子核似乎已经处在它们稳定性的边缘了，哪怕是由中子碰撞引起的这种最小的刺激也足以将它们一分为二，就像是一滴过大的水银那样。重原子的不稳定性这一事实让人们明白了为什么自然界中只有 92 个元素。事实上，任何一种比铀更重的元素在任何情况下都无法稳定地常时间存在，它们只会迅速分裂成许多小小的碎片。从实际的角度出发，"核裂变现象"也非常有意思。因为它为核能源的应用提供了可能。重点在于，当原子核分裂的时候，重原子核会发射出许多中子，这些中子可能会进一步造成临近的原子核的裂变。这就可能会导致一种爆炸式反应，使得所有储存在原子核内部的能量在几分之一秒中全都释放出来。如果你还记得，一磅铀原子的原子核内蕴含的能量与十吨煤炭蕴含的能量相当时，你就会理解为什么释放这些能量会对我们的经济带来很大的影响了。

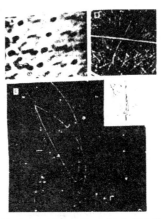

（a）布拉格的透辉石晶体中原子的照片。角上的圆圈表示钙、镁、硅和氧的单个原子。放大倍数约为 10^8。
（b）两个裂变碎片从中子撞击铀的相反方向飞行。
（c）中性 λ 和反 λ 超子的产生和衰变。

虽然所有这些原子核反应让我们了解了有关原子核内部结构的丰富信息，但是这些反应只能在很小的规模中发生，直到最近，似乎才有可以大量释放核能量的希望。1939 年，德国化学家哈恩和斯特拉斯曼发现了一种全新的原子核转化，那就是一个重原子核分裂成两个大致相同的部分，伴随着释放出极大的能量，同时也射出 2~3 个中子，这些中子又会撞击其他铀原子核，然后将它们一分为二，从而释放出更多的能量和中子。这种链式裂变过程可能会导致大爆炸，如果能控制好，就能提供用之不竭的能量。很荣幸我们邀请了泰勒博士来到现场，他从事原子弹研发工作，被人们称为"氢弹之父"，博士在百忙之中抽出时间来给我们简单讲一讲核弹的话题。他已经到了这里。

当教授在讲这些话的时候，报告厅走进来一位仪表堂堂、目光如炬的男人，他浓黑的眉毛高高挑起，他与教授握手之后转向了观众。

他开始讲了起来。

"……噢！抱歉！"他大声说，"有的时候我会搞混该用什么语言。

请允许我重新开始。女士们、先生们！我很忙，所以我只能长话短说。今天上午我参加了在五角大楼和白宫的好几场会议，下午我要在内华达州出席一场地下爆炸实验，晚上我又要去加利福尼亚州范登堡空军基地的晚宴上发言。主要观点是原子核可以通过两个力来相互制衡，分别是将原子核聚成一团的内聚力和质子间的静电斥力。在像铀或者钚这样的重原子核里，斥力占据上风，原子核随时濒临瓦解，只要有最轻微的刺激就能一分为二。这种刺激只要有一个中子来撞击原子核就能得到。"

他转向黑板，继续说道："这里你会看见一个可裂变的原子核和一个正在撞上它的中子。两个分裂的碎片飞离开，每个都携带着约一百万电子伏特的能量，并且几个新的裂变产生的中子也被射出，轻铀同位素中大约有两个中子，钚中大约有三个中子。接下来，撞！撞！正如我在黑板上画的连锁反应开始了。如果这块可裂变材料很小，大多数的裂变中子在它们有机会撞击到其他可裂变原子核之前就会飞出原子核表面，那么链式反应就永远不会发生。但是，如果材料大于我们所说直径约为 3 或 4 英寸的临界质量时，大多数中子就会撞上原子核，接着整个材料就会爆炸。这就是我们所说的裂变式炸弹，这常常被人们错误地认为是原子弹。

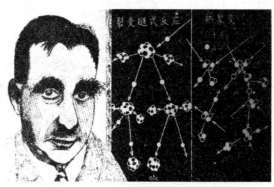

虽然名字听起来差不多，但裂变和
聚变是完全不同的过程

"但是，如果用周期表另外一端的元素进行实验，结果会好很多。那些元素的内聚力比斥力强很多。当两个轻原子核碰到一起，它们会融合在一起，就像是碟子上的两滴水银。原子核接触的反应只能在极高温的情况下发生，因为相互靠近的轻原子核由于静电斥力的作用会有一定的距离。但当温度达到一千万摄氏度的时候，斥力已经不再能阻碍原子核的接触了，于是聚变过程就开始了。最适合进行核聚变的原子核是氘核，也就是重氢的原子核。图片右侧是氘核发生高热原子核反应的简易图。当我们一想到氢弹，就认为这对世界来说是件幸事，因为它不会产生散布到地球大气层的放射性裂变物质。可是我们还没有能力去造一个'纯'氢弹，氘是最好的核燃料，可以很容易从海水中提取出来，但是仍不足以自行燃烧。于是我们只能在氘材料周围包一层重铀的壳，这些外壳会产生大量的裂变碎片，因此有些人会称它们为'脏'氢弹。在设计控制氘热核反应的过程中，也遇到了类似的困难。尽管我们竭力研究，却依然没能制造出'纯'氢弹。但我相信这个问题很快可以解决。"

"泰勒博士，"观众中有一个人问道，"核试验中那些裂变物质怎么处理呢？它们会导致整个地球的人类产生可怕的变异吗？"

"不是所有的变异都是有害的，"泰勒博士说，"其中一小部分会推进后代的进化。如果生命体没有变异，你和我现在依旧是变形虫。难道你不知道生命的进化完全是由于自然的突变与适者生存吗？"

"你的意思是，"观众中有一位女士歇斯底里地大喊道，"我们要生一大堆孩子，然后留下其中最好的几个，并把其他的都毁掉？"

"好吧，这位女士……"泰勒博士刚开口准备说，这时报告厅的门开了，一位穿着飞行制服的人走了进来。

"先生，请快一点！"他大声喊道，"您的直升机已经停在门口了，如果我们现在不马上出发，您就会错过机场的喷气式客机。"

"抱歉，"泰勒博士对观众们说，"我必须得走了。再见！"然后他们两人冲了出去。

第十三章

木雕师

汤普金斯先生来到一扇又大又笨重的门前，门正中间有一个醒目的标志：禁止进入——内有高压。不过，这让人不快的第一印象很快被门垫上写着的大大的"欢迎"冲淡了。犹豫了片刻之后，汤普金斯先生按响了门铃。年轻的助手开门请他进屋。汤普金斯先生发现自己置身于一间很大的屋子里，但其中一台看上去非常复杂而且奇妙的机器占据了屋子的大半部分空间。

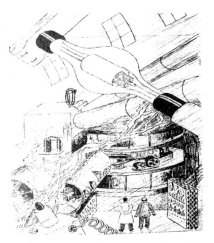

这是我们的大型回旋加速器或者叫
作"原子加速器"

"这是我们的大型回旋加速器，报纸上叫作'原子加速器'。"助手向汤普金斯先生解释道，说着伸出手无比热爱地摸了摸巨型电磁铁的线圈，这个东西是让人印象深刻的现代物理工具最主要的组成部分。

"它能用高达几千万电子伏特的电压制造粒子，"助手自豪地补充道，"没有多少原子核能承受得了如此巨大能量的子弹攻击的！"

"那么，"汤普金斯先生说，"可见这些原子核一定非常坚硬！不然只是为了要击破微小原子中微小的原子核，就要造这么一个庞然大物。这台机器到底怎么运行呢？"

"你有没有去过马戏团？"他的岳父从回旋加速器庞大的身躯背后探身问道。

"呃……去过，当然去过，"汤普金斯先生回答，他被这个突如其来的问题弄得相当尴尬，"你的意思是想要我今晚陪你一起去马戏团吗？"

"当然不是，"教授笑着说，"不过你如果去过就更容易理解回旋加速器怎么工作了。你往这个大磁铁两极的中间看，你会发现有一个圆形的铜盒子，它就好似马戏团的圆形场地。在这个铜盒子里，实验中所要用到的用来轰炸原子核的各种带电荷的粒子都在其中进行加速。在这个盒子的中心，有一个负责生产带电粒子或者离子的源。当这些粒子刚出来的时候，速度非常慢，这里的强磁场会把它们的运动轨迹弯曲成围绕着中心的一个小圆圈。接着我们就开始施力于它们，使它们的速度越来越快。"

"我知道你是如何抽打马匹的，"汤普金斯先生说，"但是我完全不知道你怎样同样抽打这些微小的粒子。"

"其实，这非常简单。如果一个粒子以圆圈的形式运动，那么我们所要做的就是在它每次经过轨道上的某个既定的点时给它施加一系列的连续不断的电击，就像马戏团驯兽师站在圆形场地的边缘，在马每次经过的时候都抽它一下一样。”

“但是驯兽师能看见马，”汤普金斯先生反驳道，“你能看见粒子在这个铜盒子里旋转然后在恰当的时机给它一击吗？”

“我当然看不见，”教授同意他的说法，“但这不是必需的。这个粒子回旋加速器设置的诀窍就在于，尽管加速的粒子总是运动得越来越快，但它总是在相同的时间段内完成一轮运动。重点在于，你要知道，随着粒子速度的增加，它的轨道半径、轨道总长度的周长都会成比例地增加。它的运动轨迹越来越外旋，在规律的时间间隔里总是会来到‘圆形场地’的同一侧。我们所要做的就是在那里放上某个电动装置，然后以固定的时间间隔向粒子施加电击。我们通过振荡电路系统来实现，这个系统就和你在任何一个广播站里看到的那种装置很相似。这里所产生的每一次电击都不会很强烈，但它们累积的效应将把粒子加速到极高的速度。这是这个装置最大的优点，它产生的总效应与上百万伏特的效应相当，尽管目前在这个系统里还没有如此高的电压。”

“确实设计得非常巧妙，”汤普金斯先生若有所思地说，“这是谁的发明？”

“加利福尼亚大学的欧内斯特·劳伦斯几年前首次建造的，”教授回答，“此后粒子回旋加速器的尺寸越来越大，各个物理实验室几乎一夜之间都配备了，传播速度非常快。它们似乎真的要比以前使用的级联变压器或者是基于静电原理发明的老设备方便很多。”

“但是如果不用所有这些复杂的装置就真的不能打破原子核了吗？”汤普金斯先生问道，他是个典型的极简主义者，对任何比锤子复杂的器械都不以为然。

"当然可以。实际上当卢瑟福第一次做人造元素转化实验的时候，他就只用了天然的放射性物质发射出来的普通的 α 粒子。但那是二十多年前了，你知道的，在此之后原子撞击技术取得了非常大的进步。"

"那你可以给我展示一个被击碎的原子吗？"汤普金斯先生问道，相比于听别人冗长的解释，他总是更愿意自己亲眼看见。

"非常乐意，"教授说，"我们刚刚开始一项实验。我们正在对快速质子作用下硼的衰变反应进行深入研究。所以当一个足够坚硬、能够击穿原子核势垒进到原子核里面的质子撞击到硼原子核的时候，硼原子核就碎裂成三个相等的碎片，朝不同的方向飞去。我们可以通过'云室'的方法直接观察到整个过程。'云室'让我们能看见撞击过程中所有参与粒子的活动轨迹。现在，这个中间放着一小片硼的云室就安装在加速器的开口处，我们一旦开启了粒子回旋加速器，你就可以亲眼看见原子核破碎的过程。"

"我来调整磁场，"教授转向助手说道，"能麻烦你打开电流开关吗？"

粒子加速回旋器要过一段时间才能开始工作，汤普金斯先生一个人在实验室里闲逛。他的注意力被一个复杂的闪烁着暗淡蓝光的大型放大器电子管系统吸引住了。他没有意识到现在的粒子回旋加速器的电压正在升高，高到虽然不能击碎一个原子核，却能轻松撂倒一头公牛的情况，他把身子往前倾，想要更近距离地、更仔细地观察它们。

突然，啪的一声响，就像驯狮师抽打鞭子的声音一样，汤普金斯先生感觉一阵可怕的电击传遍了全身。下一刻，眼前漆黑一片，他失去了意识。

当他再次睁开眼的时候，发现自己被释放的电流击倒在地板上。他所在的屋子似乎跟先前一样大，但是房间里面所有的物品都变了。没有巨大的粒子回旋加速器磁铁、互相连接的闪闪发光的铜线，也没有装在每个可能的点上的那么多复杂的电力小装置。取而代之的是一张长长的木制工作台，上面摆满了简单的木匠工具。挂在墙上的老式架子上面，他看到了许多木雕，它们的造型千奇百怪，不同寻常。有一个看起来很慈祥的老人正在桌子旁工作，仔细观察他的外貌特征，汤普金斯先生惊讶地发现他与《木偶奇遇记》里的泽佩托老头长得非常像，同时又很像教授实验室墙上挂着的已故的卢瑟福的肖像画。

"很抱歉，打扰你，"汤普金斯先生从地上爬起来，开口说道，"我刚刚在参观原子核实验室，然后似乎有一些奇特的事情发生在了我身上。"

"噢！你对原子核感兴趣！"老头开心地说，他把正在刻的那块木头放到一旁，"那你来对地方了。我在这里制作了所有种类的原子核，很乐意带你逛一逛我的小作坊。"

"你说你制作了原子核？"汤普金斯先生深感困惑。

"是的，我制作的。当然，这需要一些技巧，尤其是做放射性原子核的时候，它们可能在你有时间给它们上色之前就分裂开了。"

"上色？"

"是的，我把带正电的粒子涂上红色，带负电的粒子涂上绿色。现在你可能知道红色和绿色就是'补色'了吧。如果这两种颜色混在一起就会相互抵消，这就相当于正负电荷的相互抵消。如果原子核是由相等数量的来回快速运动的正负电荷组成，那么它的电性就是中性，在你看来它就是白色的。如果正电荷多或者负电荷多，整个原子核系统就会呈红色或者绿色。很简单，是不是？"

我把带正电的粒子涂上红色，带负电的粒子涂上绿色

　　"看，"老头继续说，向汤普金斯先生展示了桌子旁边放着的两个大木箱，"这里是我存放制作各种各样原子核材料的地方。第一个箱子里面是质子，就是这些红色的球。它们很稳定，永远保持红色。除非你用刀或者是其他什么东西刮掉它，否则不会掉色。第二个箱子里是中子，中子的问题多，通常它们是白色的，或者说呈电中性，但是很倾向于变成红色的质子。如果盒子盖得紧紧的，一切都正常，但一旦你把一个中子取出来，你看看会发生什么吧。"

　　老木雕师打开箱子，取出一个白球放在桌子上。一段时间过去了，似乎什么事也没有发生。但就在汤普金斯先生快要失去耐心的时候，那个球突然活跃了起来。它的表面开始呈现出不规则的红色、绿色条纹，很快球就变得像孩子们喜欢的彩色弹珠。然后绿色集中到球的一侧，最后完全和球分离开，形成了一滴闪耀的绿色水滴滴落在地板上。现在，那个球完全变成了红色，与第一个箱子里涂上红色的质子没有任何差别。

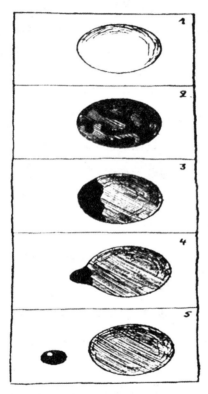

白色的中子分解成质子和负电子

"你看见发生了什么吧？"老人说道，他将那滴绿色颜料从地板上捡了起来，现在它看起来又硬又圆，"中子的白色分解成红色和绿色，然后整个分裂成两个独立的粒子，即一个质子和另一个带负电的电子。"

"是的，"他看到汤普金斯先生脸上惊讶的表情，补充说，"这个翡翠色的粒子不是别的东西，就是一个普通的电子，就如同任何地方的一个原子里的电子一样。"

"天哪！"汤普金斯先生惊呼，"这绝对比我看过的任何一个变色魔术厉害多啦。不过你可以把颜色再变回去吗？"

"可以的，我把绿色颜料再揉回红球表面，球最后能变白，当然这个过程需要一些能量。还有一种方法，就是把红色颜料刮掉，这同样也需要一些能量。然后，这些从质子表面刮下来的颜料会形成一滴红色液滴，这就是带正电的电子，你之前可能听说过。"

"多漂亮啊！"汤普金斯先生感叹，"所以这是一个金原子吧！"

"还不是一个原子，只是原子核，"木雕师纠正他，"要完成一个原子，你必须加入适当数量的电子来中和原子核的正电荷，并且还要在周围形成通常意义上的电子壳。不过这很简单，只要原子核周围有电子，原子核本身就会去捕获电子。"

"真有意思，"汤普金斯先生说，"我岳父从来没有提到过人们能够这么简单地就制作出黄金来。"

"噢，你那岳父还有那些所谓的原子核物理学家！"老人声音里带着一些愤怒的语气，"他们表面故作高深，但实际能做到的很有限。他们不能将分离的质子压缩进一个复杂的原子核里，是因为他们不能施加足够强的压力。他们中甚至还有人说要将质子黏合到一起，需要施加整个月球的重量。好吧，如果这真的是他们唯一的问题，他们怎么不干脆到月亮上去？"

"但他们还是产生了一些原子核嬗变。"汤普金斯先生温和地评论道。

"是的，当然，他们是做出来了，但是转化得很笨拙，而且范围也很有限。他们得到的新元素的数量非常少，以至他们自己都很难看到。我来告诉你他们是怎么做的。"于是，他拿起一个质子，用相当大的力量将它朝桌子上的金原子扔去。在靠近原子核外围的时候，那枚质子速度慢了下来，似乎是犹豫了一会儿，然后一头钻了进去。在吞了这枚质子之后，原子核就像发高烧一样打了一会儿寒战，然后原子核的一小部分咔的一声分裂开了。

"你看，"他拾起碎片说道，"这就是他们所说的 α 粒子，如果你凑近它观察，你就会发现它是由两个质子和两个中子组成。这样的粒子通常是从被称为放射性物质的重原子核中发射出来的，但是如果撞击力够强，人们也能从普通的稳定的原子核内部把它撞出来。我还必须提醒你注意一个现象，那就是现在桌子上这个大一点的碎块已不再是金原子核了。它失去了一个正电荷，所以现在它变成了一个铂原子核，在元素周期表中排在金元素的前面。然而在某些情况下，进入原子核内的质子不会导致原子核的分裂，这样你就会得到元素周期表上金元素之后的一个，即汞原子核。结合这些过程以及类似的过程，人们就真的可以将任意一种指定的元素转化成另外一种元素了。"

"噢，现在我明白他们为什么要用回旋加速器产生高速质子束了。"汤普金斯先生开始理解了，说道，"但为什么你说这个方法不够好呢？"

"因为它的效率实在太低了。首先，它们不能像我一样准确地发射子弹，而是几千发当中只有一次可以真正击中目标。其次，即使是直接击中目标的情况下，子弹也非常有可能穿透不了原子核的内部，而是被原子核反弹回去了。你可能已经注意到，当我朝金原子核扔质子的时候，质子在进去之前停顿了一会儿，当时我还在想，它是不是要被弹回来。"

"原子核能用什么方式阻止质子进入？"汤普金斯先生颇有兴趣地问。

"你应该可以猜到，"老头说，"你还记得原子核和质子炮弹都带有正电荷吧。这些电荷间的排斥力会形成一种很难穿透的屏障，如果质子炮弹成功地穿透了原子核堡垒，那只有因为它们使用了类似于特洛伊木马似的障眼法，它们根本不是像粒子那样穿透堡垒而是像波浪一样通过原子核的核壁的。"

"好吧，你可难住我了，"汤普金斯先生有点悲伤地说，"你说的我完全都不能理解。"

"我也担心你听不懂，"木雕师微笑着安慰道，"说实话，我本身也就是个工匠。我可以靠自己的双手来做这些东西，但是理论阐述不是我的强项。总之重点是，由于所有这些原子核粒子都是用量子材料制成的，它们总是能够进出那些一般认为是无法穿过的障碍物。"

"噢！我明白你的意思了！"汤普金斯先生兴奋地叫道，"我记得之前有一次啊，在遇到慕德前不久，我去了一个奇怪的地方，那儿的台球的表现跟你刚刚描述的完全一致。"

"台球？你是说真正的象牙台球吗？"木雕师急切地重复道。

"是的，我听说它们是用量子大象的长牙做的。"汤普金斯先生说。

"好吧，这就是人生！"老头伤感了起来，"他们为了玩乐竟然用如此昂贵的材料，而我只能用普通的量子橡木来雕刻质子和中子，这可是两个全宇宙最基本的粒子。"

"但是，"他试图隐藏自己的失望和难过，继续说道，"我这些可怜的木雕模型不比那些昂贵的象牙制品差。待会儿我可以给你展示它们是多么利落地跨过任何障碍物的。"随后，他爬上长椅，从橱柜的最上面拿下来一个造型奇怪的木雕，看上去就像是个火山模型。"你看到的这个，"他轻轻地掸了掸灰尘，继续说，"它是任何一个原子核周围的静电斥力势垒模型。外围的斜坡代表的是电荷间的静电斥力，而火山口对应的是将原子核粒子聚集在一起的内聚力。如果现在我沿着斜坡弹上去一个球，但是所用的力量不足以让它越过山顶，你自然会认为它又会滚回来。但你看看实际上会发生什么……"然后他轻轻地弹了一下小球。

"可是，我没有发现什么不正常的情况。"汤普金斯先生说。只见球升到斜坡的一半以后，又滚回到桌子上。

"稍等，"木雕师小声地说，"你不能第一次实验就期待成功。"然后他再一次把球弹上斜坡。这次又失败了，但是在第三次尝试中，就当球接近斜坡一半的时候，它突然消失不见了。

"好，现在你猜猜球到哪里去了？"木雕师带着魔术师般的得意语气问道。

"你的意思是说它现在已经在火山口里了？"汤普金斯先生问。

"是的，它就在里面。"老人说着，用手指夹出了球。

"现在，让我们反过来实验一下，"他提议，"看一看球出火山口需不需要越过山顶。"于是他将球扔进了洞中。

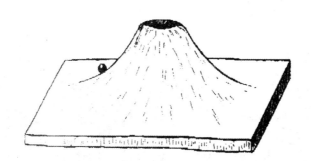

它的样子很像一座火山口的模型

过了一会儿，还是什么也没有发生。汤普金斯先生只听见球在火山口里来回滚动发出的轻微隆隆声。突然，球奇迹般地出现在外围斜坡中，随后悄悄地滚到了桌子上。

"你看到的这两个现象是放射性 α 物质衰变过程的典型代表，"木雕师说着，将模型放回原位，"只是在放射性 α 衰变中，不是普通的量子橡木做的障碍物，而是静电斥力的势垒。不过从原理上来讲两者没有任何区别。有时这些静电势垒是非常'透明'的，以至粒子在几分之一秒的时间内就可以逸出；而有的时候它们又是如此'不透明'，粒子逸出甚至需要数十亿年时间，比如说铀原子核。"

"但为什么不是所有的原子核都有放射性呢？"汤普金斯先生问。

"因为在大多数原子核中，那个火山口的底部会低于外面的水平面，而只有在已知的最重的原子核中，洞口底部才会高到使粒子逸出得以发生的程度。"

不知道汤普金斯先生在工作室里和这位和蔼的老木雕师一起待了多久。老木雕师总是非常渴望把自己的知识传授给来到工作室里的人。汤普金斯先生看到了不少超乎寻常的东西，尤其是一个精美的小盒子，它小心地紧闭着，但很明显里面是空的，盒子上标着："中子，请轻拿轻放，不要打开。"

量子小提琴和 C 小调核子曲

"这个盒子里有东西吗？"汤普金斯先生拿起来在耳边晃了晃，问道。

"我不知道，"木雕师说，"有人说有，有人说没有。不过无论怎样，你什么也看不见。这个精美的小盒子是我的一个哲学家朋友送的，但是我确实不太知道能拿它做什么，最好暂时不用管它。"

汤普金斯先生继续在工作室里东看看、西瞧瞧，又发现了一把落了灰尘的旧小提琴，它看上去已非常陈旧，好像是由斯特拉迪瓦里的爷爷制作的。

"你会拉小提琴吗？"他转向木雕师，问道。

"只会拉伽马射线的曲调，"老人回答，"这是一把量子小提琴，其他什么都演奏不出来。我曾经有一把量子大提琴，只能用来拉出光学曲子，但后来被人借走了再也没有还回来。"

"那好啊，请给我拉个伽马射线的曲子吧，"汤普金斯先生恳求他，"我之前从来没听过这样的曲子。"

"我给你拉一首《C小调原子核曲》吧，"木雕师说着，拿起小提琴架到了肩膀上，"不过你要有思想准备，它是个悲伤的曲子。"

这音乐的曲调真的很奇怪，跟汤普金斯先生之前听过的任何曲子完全不一样。曲调就好像是海浪冲刷沙滩的稳定声响，中间还时不时被尖锐刺耳的曲调打断，让他联想起子弹的呼啸。汤普金斯先生并不是很懂音乐，这首曲子却对他产生了奇怪而强有力的影响。他舒舒服服地坐在一把老式扶手椅上伸了个懒腰，慢慢闭上了眼睛……

第十四章

虚空中的洞

女士们、先生们：

今晚，我特别希望你们聚精会神地听，因为我们所要讨论的问题既引人入胜又令人费解。我将要讲到一种被称为"正电子"的新粒子，它们具有一些不可思议的特性。很有启发意义的是，这种新型粒子在它们被实际探测到之前的好几年就已经有人用纯粹的理论预测到了，由于人们已从理论上早已预见到它的一些主要性质，这也对从实验上发现它有巨大的帮助。

做出这一伟大预测的人是英国物理学家保罗·狄拉克，您应该听说过他的名字。他基于理论推断得出的结论实在太神奇了，以至大多数物理学家在很长一段时间内都拒绝相信这一结论。狄拉克理论的主要思想可以用这样一句简单的话来表达："在真空中应该存在着洞。"看得出来你们很惊讶，而当狄拉克说出这句话时，所有物理学家的反应也和你们一样。在真空里怎么可能有洞？这有意义吗？是的，但如果真空其实并不像我们认为的那么空，就像有人推测的那样，这就有可能。而且，事实上，狄拉克理论的主要观点在于假设空洞空间，或者说真空，实际上是由无限多的普通负电子以非常规则和均匀的方式挤在一起所形成的。毋庸讳言，这样一个古老的假说，在狄拉克的脑海中并不是纯粹幻想的结果。他是出于与普通负电子理论有关的一些考虑而这样做的。实际上，该理论不可避免地得出这样一个结论，除了原子运动的量子态外，还有无数个特殊的"负量子态"存在于真空中。并且除非有人阻止电子进入这些"更舒适的"运动态，否则，它们都将放弃原子，然后扩散到真空中。此外，阻止一个电子随心所欲地运动的唯一方法，就是让这个特定的位置被其他电子"占领"，它必须在真空中具有所有这些量子态，而真空被均匀分布的无限多的电子充满。

恐怕我的话听起来像是某种科学的胡言乱语，让您一头雾水。但是这个话题确实非常难，我只希望如果您继续专心地听，最终能够理解一些关于狄拉克理论的本质。

不管怎样，狄拉克最后得出了这样的结论：真空中充满了电子，以均匀但无限高的密度分布其中。我们怎么会完全没注意到它们，而将真空视为一个空无一物的空间呢？

如果您把自己想象成一条在海洋中泛游的深水鱼，您可能就会明白这个答案。这条鱼即使聪明到足以提出这样一个问题，但是它们会意识到自己正被水包围吗？

这些话使汤普金斯先生从讲座刚开始时的瞌睡状态中清醒了过来。他好像变成了渔夫，感受到了轻拂海面的微风和轻微翻滚的碧涛。虽然他游泳还不错，却无法浮在海面上，并开始向海底越沉越深。奇怪的是，他没有缺乏空气的感觉，而是感到很舒服。他想，也许这是特殊隐性突变的结果。

　　根据古生物学家们的说法，生命起源于海洋，最早栖息在干旱陆地的先驱是肺鱼，它爬到海滩上，靠它的鳍行走。根据生物学家的说法，第一批肺鱼在澳大利亚被称为澳洲肺鱼，在非洲被称为原鳍鱼，在南美洲被称为南美肺鱼。它们逐渐演变成陆居动物，就像老鼠、猫和人一样。但是其中一些如鲸鱼和海豚，在发现陆地生活中的不适后，又回到了海洋中。在水里，它们保留了在陆地生存竞争过程中所获得的品质，并且仍然是哺乳动物。雌性在体内繁殖后代，而不是甩出鱼子，再由雄性授精。不是有一个著名科学家西拉德曾经说过海豚比人类更聪明吗？

狄拉克正与海豚交谈

　　他的思绪被海洋深处的某段对话打断了，对话的是一只海豚和一个典型的人类。汤普金斯先生曾在照片上见过这个人，他是剑桥大学的物理学家狄拉克。

　　"听我说，保罗，"海豚说，"你认为我们不在真空中，而是在由负质量粒子形成的物质介质中。我认为水和真空没有任何差别，它非常均匀，我可以朝着各个方向任意游动。但我从我的祖辈那里听到一个传说：陆地与水里非常不同。陆地上有很多的高山和峡谷，不费力气是无法越过它们的。而在水里，我们可以自由自在地游动。"

狄拉克回答："我的朋友，就海水这个环境来说，你是正确的。水在你的身体表面产生摩擦，如果你不摆动尾巴和鳍，你将完全无法运动。同样，因为水压会随着深度改变，你可以通过膨胀或收缩身体来向上浮动或向下沉。但是，如果水没有摩擦力或者没有压力梯度，你就会像火箭燃料用完的宇航员一样束手无策。我那带负质量的电子形成的海洋是完全没有摩擦的，所以就没法观察到了。只有缺少一个电子的情况才能用物理仪器观察到，因为缺了一个负电荷等效于多了一个正电荷，所以这一情况库仑也注意到了。"

"但是，在比较电子海洋和普通海洋时，我们必须指出一个重要的例外情况，不至于过度延伸这种类比关系。问题在于，既然形成我的海洋的电子必须遵守泡利原理，当所有可能的量子能级都被占满时，就无法再往海里添加哪怕只是一个电子。那么，这个多余的电子就会停留在我的海洋表面上，从而很容易通过实验识别出来。电子最早是由汤普森发现的，不管是围绕原子核盘旋的电子，还是通过真空管飞行的电子，都是这种多余的电子。在我 1930 年发表了第一篇论文之前，我们之外的空间一直被认为是空无一物的。人们认为，那些在零能量水平面上偶尔升起的水花，才具有物理学上的现实。"

"但是，"海豚说，"如果你的海洋由于连续性和无摩擦而无法被观察，那谈论它又有什么意义呢？"

狄拉克说："假设某种外界力量将其中一个带负质量的电子从海洋的深处举到了海平面以上，在这种情况下，可观察到的电子数就多了一个，这种现象被认为是违反守恒定律的。不过，由于这个电子的离开，海洋中现在形成了一个可观察到的空洞。因为在均匀分布的介质中一个负电荷的离开将被视为等量的正电荷的出现。这个带正电的粒子也将具有正质量，并且将在重力的方向上移动。"

"你是说它会浮起来而不是沉下去？"海豚吃惊地问道。

"没错，我相信你看到过许多被重力拉到海底的物体，比如从船上扔下来的东西，有时候甚至是船本身。看那里！"他打断了自己，"看见了那些升到水面的小银色物体了吗？它们的运动是由引力造成的，只不过朝相反的方向移动。"

"但那些只不过是气泡，"海豚反驳道，"它们可能从某些装有空气的东西中逃了出来，这些东西可能撞到了海底的岩石上，已经翻转或破裂了。"

"你说得对，但你在真空中是看不到气泡的。因此，我的海洋并非空无一物。"

"非常巧妙的理论，"海豚说，"但这是真的吗？"

狄拉克说："当我在1930年发表论文时，没人相信这些。这在很大程度上是我自己的错，因为我最初认为这些带正电的粒子无非就是质子，这是实验中众所周知的。当然，你知道质子比电子重1840倍，但我希望通过一些数学方法解释在特定力的作用下增加的阻力加速度，并从理论上得出1840这个理论上的数字。但是我并没有成功，而在我的海洋中的气泡的物质质量正好等于普通电子的质量。我的同事泡利，我必须说他是一个很有幽默感的人，他四处宣称这是'泡利第二定律'。他计算得出，如果一个普通电子接近从我的海洋中移出电子而产生的孔，它将瞬间将其填满。因此，如果一个氢原子的质子真的是一个'孔'，它会瞬间被围绕它旋转的普通电子填充，并且这两个粒子都会在一道闪光（准确地说，是伽马射线的闪光）中消失。当然，在所有其他元素的原子上也会发生同样的事。现在，如果泡利第二定律要求物理学家提出的任何理论都必须立刻应用在他身体的物质上，在我有机会将自己的想法告诉别人之前我就被毁灭了。就像这样！"说着狄拉克就消失在一道炫目的闪光中。

"先生，"一个恼人的声音在汤普金斯先生的耳边响起，"你有权在课堂上打瞌睡，但你不应该打鼾，我根本听不清教授在说什么。"

所以，汤普金斯先生睁开眼睛，再次看到了拥挤的教室和教授，教授继续讲道：

现在，当一个运动的空穴遇到正在狄拉克海洋中寻找舒适地方的多余电子时，让我们看一看会发生什么。显然，由于这种相遇，多余的电子将不可避免地落入空穴并将之填充，而观察该过程的物理学家在惊讶之余将把这个现象视为正负电子的相互湮灭。这个过程释放出的能量会以短波辐射的形式发出，并且这将代表这两个电子相互吃掉后仅剩的部分，就像著名儿童故事中的两只恶狼一样。

但是我们也可以想象一个逆向过程，那就是一对负电子和正电子是通过强大的外部辐射"从无到有"产生的。从狄拉克的理论来看，这个过程只是简单地从连续分布中提出一个电子，实际上不应该被认为是一种"创造"，而是两个相反电荷的分离。在我现在展示给你们的图中，这两个电子"创造"和"湮灭"的过程由粗线条的示意图表示出来，可以看出此事并不神秘。我必须在这里补充的是，尽管严格地说，正负电子对的产生可能会在绝对真空中进行，其概率极小；你可能会说真空中的电子分布过于平滑而无法打破。另外，在重粒子存在的情况下，它们充当了伽马射线深入电子分布的支撑点，正负电子对产生的可能性大大提高，并且很容易被观察到。

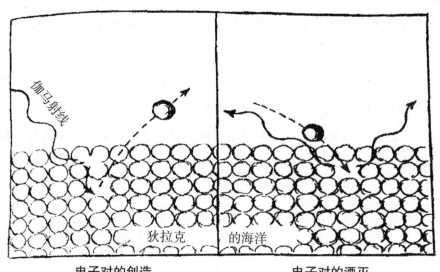

电子对的创造   电子对的湮灭

然而，很明显，以上述方式创造的正电子将不会存在多久，很快就会在与一个负电子的相遇中消失，我们知道，负电子在我们宇宙的一角拥有巨大的数量优势。这个事实就是我们相对较晚地发现了这些有趣粒子的原因。事实上，关于正电子的第一份报告在1932年8月才被物理学家卡尔－安德森写出（狄拉克的理论于1930年发表）。他在他的宇宙辐射研究中，发现了在各个方面都与普通电子相似的粒子，唯一重要的区别是它带有正电荷，而不是负电荷。此后不久，我们学会了一种更为简单的方法来产生电子对，即在实验室条件下通过发送强大的高频辐射束（放射性伽马射线）轰击任何种类的物质。

接下来，我想给你们展示的是宇宙射线正电子的"云室照片"，以及电子对产生的过程。但是在这样做之前，我必须向你们解释一下获得这些照片的方法。"云室"或者叫"威尔逊云室"是现代实验物理学中最有用的仪器之一，它基于以下事实：任何带电粒子在通过气体时都会沿其轨迹产生大量离子。如果气体是饱和的水蒸气，那么微小的水滴就会凝结在这些离子上，从而沿着整个轨道形成一层薄雾。在深色的背景上通过强光束照亮这个雾蒙蒙的带状物，我们就能获得显示了运动所有细节的完美的照片。

现在投影在屏幕上的两张图片中，第一张是安德森拍摄的宇宙射线正电子的原始照片，顺便提一句，这是这种粒子第一次被拍摄到。这条穿过照片的宽水平带是横放在暗室里的厚铅板，而正电子的轨迹是一条横跨图像的弯曲的细划痕。这个轨迹是弯曲的，因为在实验的过程中，云室被置于强磁场中，影响了粒子的运动。采用铅板和磁场来确定粒子所带电荷的符号。众所周知，磁场产生的轨迹偏转取决于运动粒子的电荷符号。在特殊情况下，磁体的放置方式使负电子向其原始运动方向的左侧偏转，而正电子将向右偏转。因此，如果照片中的粒子向上移动，则它可能带有负电荷。但是我们该如何判断它移动的方向呢？那就得用到铅板了。在穿过铅板后，粒子一定失去了部分原始能量，因此由磁场引起的弯曲作用会更大。在本照片中，轨道在铅板下面弯曲得更强烈（乍一看几乎看不到，但在铅板测量中显示出来了）。因此，如果粒子向下移动，其电荷就为正。

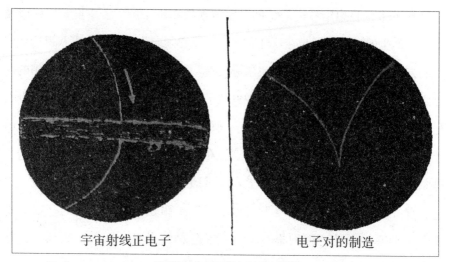

宇宙射线正电子　　　　　　　电子对的制造

云室中电子对的创造过程

　　另一张照片是由剑桥大学的詹姆斯·查德威克拍摄的，展示了在云室的空气中产生电子对的过程。一束强烈的伽马射线从下方进入（其痕迹在照片中看不见）。在"云室"中间产生了一对电子，并且两个粒子相互分离，在强磁场的作用下向相反的方向偏转。看着这张照片，您可能想知道为什么正电子（位于左侧）在通过气体的途中并未被湮灭。狄拉克的理论也给出了这个问题的答案，任何打高尔夫球的人都会很容易理解。如果你把高尔夫球放在草坪上，然后太用力击球，即使目标准确，它也不会掉入洞中。实际上，一个快速移动的高尔夫球只会在洞上弹起并向前滚动。同样的道理，快速移动的电子要等到速度大大降低后才会落入狄拉克的孔中。因此，当正电子沿轨道碰撞而减速时，更有可能在其轨迹的尽头被湮灭。而且，通过仔细观察，伴随湮灭过程的辐射实际上存在于正电子轨迹的末尾处。这一事实进一步证实了狄拉克的理论。

　　现在仍然有两个要点需要讨论：首先，我一直把负电子说成是狄拉克海洋的溢出物，把正电子说成是海洋中的洞。但是，我们也可以反过来看，将普通电子视为空穴，而把正电子当作溢出的粒子。为了做到这一点，我们仅需假设狄拉克的海洋没有溢出，而是相反，总是缺少粒子。在这种情况下，我们可以将狄拉克的分布形象化地想象成一块上面有很多孔的瑞士奶酪。由于粒子的普遍缺乏，空洞将永远存在。如果其中一个粒子从分布中被拿出，就会很快再次落入其中一个洞中。但应该说明的是，无论是从物理还是数学的角度来看，这两张照片都是绝对等效的，无论我们选择哪一张都没有实质上的差别。

第二个要点可以用以下问题的形式来表述：如果在我们所生活的世界中，负电子的数量有明显的优势，我们是否可以假设在宇宙的某个部分，情况恰好相反？换句话说，在我们的世界中，狄拉克海洋的溢出是否会因其他地方缺少这些粒子？

这些个极其有趣的问题其实很难回答。实际上，由于负原子核和在它周围旋转的正电子所建立的原子与普通原子具有完全相同的光学特性，因此无法通过任何光谱观察来解决这个问题。就我们知道的情况，很有可能物质的形成就是通过这种非常规的方式，比如大仙女座星云。但是唯一验证它的方法是握住一块那样的物质，看看它是否因与地面物质接触而湮灭。当然，这可能会导致一场可怕的爆炸！最近有人谈到陨石在地面大气中爆炸的现象会不会是因为这些陨石就是由这种颠倒的物质所组成，我不相信这种观点。实际上，在宇宙的不同部分，这个关于狄拉克的海洋是溢出或是吸收的问题可能永远得不到解答。

第十五章

汤普金斯先生品尝日本料理

一个周末，慕德去约克郡看望她的姑姑，汤普金斯先生趁机邀请教授和他到一家著名的日本餐厅共进晚餐。他们坐在低矮的桌子旁柔软的垫子上，尽情享受着这家日本餐厅所提供的美味，不时啜饮几口小杯子里的清酒。

"请给我解释一下，"汤普金斯先生说，"前几天我听到泰勒博士在演讲中说，原子核中的质子和中子是由某种核力结合在一起的。这种力与原子中维持电子的力一样吗？"

"哦，不！"教授回答说。"核力是完全不同的力。18世纪末，法国物理学家查尔斯·奥古斯丁·德·库仑首次详细研究了原子中的电子是被普通静电力吸引到原子核上的现象。这种力相对较弱，并且随着与中心距离的平方的反比而减小。而核力是完全不同的。当质子和中子靠得很近，但还没有直接接触时，它们之间实际上没有作用力。一旦它们接触，就会出现一种极其强大的力量将它们粘合在一起。它们就像两块胶布，距离很近也不会互相吸引，但只要一接触，就会像兄弟一样黏在一起。物理学家称这种力为'强相互作用力'。这种力与两个电荷粒子没有关系，而在一个质子——中子对、两个质子或两个中子之间具有同等的强度。

"有什么理论可以解释这种力量吗？"汤普金斯先生问。

"嗯，有的。在 20 世纪 30 年代初，汤川秀树提出，核力是由于两个核子（核子是质子和中子的统称）之间一些不为人知的粒子的交换造成的。当两个核子相互靠近时，这些神秘的粒子开始在它们之间跳来跳去，从而产生一种强大的约束力，将它们聚集在一起。汤川秀树从理论上估计了它们的质量，它大约是电子质量的 200 倍，比质子或中子的质量小 10 倍。因此，他们称为'介子'。然后，维尔纳·海森堡的父亲，一位古典语言教授，反对这种违反希腊语的行为。'电子'这个名字，你们知道，来自希腊语，意思为琥珀，'质子'来自希腊语，意思为第一。汤川秀树的粒子的名字来自希腊语，意思是中间，但是它其中没有字母 r。因此，在一次国际物理学会议上，海森堡提议将 mesatron 这个名字改为 meson。一些法国物理学家反对，因为，如果独立拼写，meson 听起来像 maison，在法语中是家或房子的意思。但他们被否决了，现在介子这个词已经牢固确立了。看看这个舞台，他们将要表演一场介子秀。"

果然，有六个艺伎走了出来开始表演，她们在手里拿着的两个杯子之间来回扔球。背景中出现了一张男人的面孔，他唱道：

因为介子我获得了诺贝尔奖，

这项成就我不愿张扬。

λ 零，横滨，

μ 介子，K 介子，富士山——

因为介子我获得了诺贝尔奖。

他们提议在日本称为"汤川子"，

我反对，因为我是一个非常谦虚的人。

λ 零，横滨，

μ 介子，K 介子，富士山——

他们提议在日本称为"汤川子"。

因为介子我获得了诺贝尔奖，　　　这项

成就我不愿张扬。λ 零，　　　横滨，μ 介子，

μ 介子，富士山——因为介子我获得了诺贝尔奖。

"但为什么会有三对艺伎呢？"汤普金斯先生问道。

"它们代表了介子交换的三种可能性，"教授回答，"可能有三种介子：正电性，负电性和电中性。也许这三种都参与了制造核力。"

三位艺伎正在表演杯和球

"所以，现在有八种基本粒子。"汤普金斯先生一边数着手指一边说，

"中子、质子（正、负）、正负电子以及三种介子。"

"嗬！"教授说，"不是八个，而是接近八十个。首先发现两种介子：重介子和轻介子，分别由希腊字母 TT 和 M 表示，称为 π 介子和 μ 介子。π 介子是由高能质子撞击形成空气的气体原子核而在大气边缘产生的。但它们非常不稳定，在到达地球表面之前，会分裂成 μ 介子和一种最神秘的粒子——既没有质量也不带电荷，却能携带能量的中微子。μ 介子的寿命稍长一些，大约有几微秒，因此它们能够到达地球表面，在我们的眼前衰变为普通的电子和两个中微子。然后呢，还有用希腊字母 K 表示的 K 介子。"

"这些艺伎在玩的时候用的是哪种粒子？"汤普金斯先生问道。

"噢，可能是 π 介子，中性的，这种介子是最重要的，但我不能肯定。现在几乎每一个月都会发现的大多数新粒子的生命是如此的短暂，以至即使以光速移动，它们也会在距离其原点几厘米的范围内衰变。因此，即使是通过气球送上大气层的小仪器也不会注意到它们。"

"不过，我们现在有强大的粒子加速器，可以把质子加速到与宇宙射线能达到的同样高的能量：数十亿电子伏特。其中一台叫'劳伦斯加速器'的机器就在附近的山顶上，我很乐意带你们去看看。"

"经过一段短暂的驱车行驶，他们来到了一座装有粒子加速器的大建筑里。一进入这座建筑，汤普金斯就对这个巨大机器的复杂性惊叹不已。其实，正如教授向他保证的那样，这台机器在原理上并不比大卫用来杀死歌利亚的弹弓更复杂。带电的粒子进入了那个巨型大鼓的中心，然后沿着螺旋形的轨迹移动着，在交替的电脉冲作用下加速，并且通过强磁场将粒子保持在轨道中。"

"我想我以前见过这样的东西，"汤普金斯先生说，"几年前在我参观回旋加速器时，他们曾把它叫作'原子粉碎机'。"

"噢，是的，"教授说，"你以前看到的那台机器原来是劳伦斯博士发明的。你在这里看到的这台基于同样的原理，但是，它不是把粒子加速到几百万伏特，而是可以把它们加速到几十亿伏特。其中，两台最近在美国制造。其中一台在加利福尼亚州的伯克利，被称为'质子加速器'，因为它产生的粒子具有数十亿电子伏特的能量。另一个美国的粒子加速器在长岛的布鲁克海文国家实验室，被称为'宇宙加速器'，这么称呼有点过头了，因为自然的宇宙射线的能量往往比宇宙加速器能提供的高得多。在欧洲粒子物理研究中心（靠近日内瓦），他们已经建造了与美国两个加速器相当的加速器。在俄罗斯，离莫斯科不远的地方还有一台这种机器。"

汤普金斯先生环顾四周，发现一扇门上有这样的标记：

阿尔瓦雷斯的液态氢淋雨设施。

"那是什么？"他问道。

"噢！"教授说，"这里的劳伦斯加速器产生越来越多不同的基本粒子，能量越来越高，人们必须通过观察它们的轨迹，计算它们的质量、寿命和相互作用以及许多其他性质，如奇异性、奇偶性等来对它们进行分析。

"在过去，人们使用威尔逊发明的云室（1927 年威尔逊也因此获得过诺贝尔奖）。在那时，物理学家正在研究的几百万电子伏特能量的快速带电粒子，被送入一个由几乎达到饱和极限的水蒸气填充的玻璃盖子的舱室里。当舱室的底部被猛然压下时，其中的空气因膨胀而冷却，使水蒸气变得饱和。因此，一部分的水蒸气凝结成微小的水滴。威尔逊发现，这种蒸汽凝结成水的过程在离子（即气体中的带电粒子）周围进行得更快。但沿着通过舱室的带电弹丸轨迹的气体被电离了。因此，在位于舱室侧面的光源照射下，雾状的条状物在漆黑的舱室底部背景下变得清晰可见。你们一定还记得我在上一次讲座中展示过这些照片。

"现在，对于能量比我们以前研究的大千倍的宇宙射线粒子，情况就不一样了，因为它们的轨迹弧度太长，以至充满气体的'云室'太小，无法从头到尾追踪其轨迹，只能观察到整个画面的一小部分。"

微粒像兔子一样增加

"最近，美国一位在 1960 年获得过诺贝尔奖的年轻的物理学家唐纳德·格拉泽迈出了一大步。他叙述：有一次他坐在酒吧里，看着啤酒瓶里冒出的气泡，黯然神伤。无意间，他忽然想到，既然威尔逊能研究气体中的液滴，为什么我不能研究液体中的气泡并且做得更好呢？我不打算讨论技术细节，"教授继续说，"只是设计仪器时遇到的困难会远超你的想象。但事实证明，为了让仪器正常运作，在我们称为气泡室中的液体必须是液态氢，其温度必须要比水的冰点还要低五百五十华氏度。在隔壁的房间里，有一台阿尔瓦雷斯建造的大容器，里面装满了液态氢，他们通常称它为'阿尔瓦雷斯的浴缸'"。

"呃，这对我来说有点冷！"汤普金斯先生说。

"噢，你不用进去。你只要通过透明壁看着粒子的轨迹就可以了。"

浴缸一如既往地运转着，环绕浴缸四周的闪光相机正在连续地拍照。

浴缸被放在一个巨大的电磁铁内部，它会使轨道弯曲，以便估计粒子的运动速度。

"只要仪器不失灵，不需要维修，制作一张照片只需要几分钟，"阿尔瓦雷斯说，"这样，一天就能拍几百张照片。每张照片都必须仔细检查，分析每条轨道，并仔细测量其曲率。这可能需要几分钟到一小时不等，这取决于图片的趣味性，以及分析图片的女孩的工作速度。"

"你为什么说'女孩'？"汤普金斯先生打断他，"这是一个女性职业吗？"

"噢，不是，"阿尔瓦雷斯说，"这些女孩中的许多人其实是男孩。但在这种行业里，我们不分性别地使用女孩这个词，仅仅是作为效率和精确度的单位。当你说'打字员'或'秘书'时，你想到的是女性而不是男性。那么，要当场分析我们实验室里获得的所有照片，我们将需要数百名女孩，这就成了问题。因此，我们把大量的照片寄给其他没有足够资金建造劳伦斯加速器和气泡室，但买得起分析照片的仪器的大学。"

"只有你们一家机构在做这项工作吗？"汤普金斯先生问道。

"不！类似的机器在纽约长岛的布鲁克海文国家实验室，瑞士日内瓦附近的欧洲粒子物理研究所的实验室和俄罗斯莫斯科附近的舍尔昆奇克（胡桃夹子）实验室都有。他们都是在大海捞针，上帝啊，他们偶尔能找到一个。"

"可是为什么有那么多工作要做呢？"汤普金斯先生惊讶地问。

"想要找到一种新的基本粒子，这比大海捞针还要困难，还要研究它们之间的相互作用。这里的墙上挂着一张粒子图，它已经包含了比门捷列夫的体系中的元素数量更多的粒子。"

"但为什么要付出如此巨大的努力，难道仅仅为了寻找新的粒子吗？"汤普金斯先生问道。

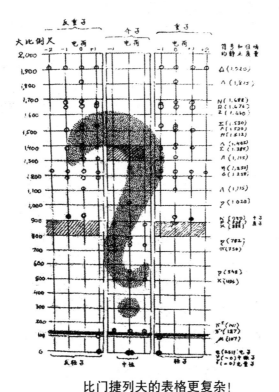

比门捷列夫的表格更复杂！
（作者：周·盖尔曼·罗森菲尔德，《科学美国人》，1964 年 2 月刊）

"嗯，这就是科学，"教授回答说，"人类的思维总是试图了解我们周围的一切，无论是巨大的恒星星系，还是微小的细菌，或者是这些基本粒子。这很有趣，也很令人兴奋，这就是我们做这件事的原因。"

"但是，这些科学的发展能提高人们的舒适度和幸福感以达到造福人类的实际目的吗？"

"当然能，但这只是次要目的。你认为音乐的主要目的是教会号手在早晨唤醒士兵，叫他们起床，叫他们吃饭或者命令他们上战场吗？人们说'好奇心会害死猫'，我说'好奇心会造就科学家'。"

说完这句话，教授和汤普金斯先生说了晚安。